商务网页设计与制作

主　编　赵怀明　王斯栓　陈头喜
副主编　符　月
参　编　吴　菲

北京理工大学出版社
BEIJING INSTITUTE OF TECHNOLOGY PRESS

内 容 简 介

本书以江西特产电子商务网站的设计制作流程为主线，以最新 Web 规范为基础，以 Dreamweaver CC 2017 网页设计软件为工具，以"模块分解+知识要点+模块实训"为学习模式，系统介绍电子商务网页设计与制作的基础知识，并详细展示静态电子商务网站设计与制作的全部操作流程；系统介绍电子商务网页设计与网站建设的基本原理和实现技术，并使读者能够全面理解和掌握网页设计与制作技术。全书共 8 个模块，分别为电子商务网站页面赏析、HTML5 简单页面设计与开发、Dreamweaver 本地站点配置、Dreamweaver 页面编辑、Dreamweaver 行为应用、Dreamweaver 页面布局、Dreamweaver 模板应用和静态商务网站发布。

本书可作为职业学校电子商务专业教材，也可作为从事电子商务网站开发和网页设计人员的参考用书。

图书在版编目（CIP）数据

商务网页设计与制作／赵怀明，王斯栓，陈头喜主编. —北京：北京理工大学出版社，2018.12

ISBN 978 - 7 - 5682 - 4720 - 7

Ⅰ.①商… Ⅱ.①赵… ②王… ③陈… Ⅲ.①电子商务–网页制作工具–职业教育–教材　Ⅳ.①F713.361.2 ②TP393.092.2

中国版本图书馆 CIP 数据核字（2018）第 275912 号

出版发行／北京理工大学出版社有限责任公司

社　　址／北京市海淀区中关村南大街 5 号

邮　　编／100081

电　　话／（010）68914775（总编室）

　　　　　（010）82562903（教材售后服务热线）

　　　　　（010）68948351（其他图书服务热线）

网　　址／http://www.bitpress.com.cn

经　　销／全国各地新华书店

印　　刷／定州市新华印刷有限公司

开　　本／787 毫米×1092 毫米　1/16

印　　张／13　　　　　　　　　　　　　　　　　责任编辑／陆世立

字　　数／306 千字　　　　　　　　　　　　　　文案编辑／代义国

版　　次／2018 年 12 月第 1 版　2018 年 12 月第 1 次印刷　　责任校对／周瑞红

定　　价／36.00 元　　　　　　　　　　　　　　责任印制／边心超

前　言

网页设计与制作课程是电子商务专业课程体系中的基础课程之一，是一门创意性和实践性很强的课程，学生需要经过大量的实践才能掌握网页设计和制作的技能，领悟网页设计的真谛。因此，本书在编写过程中，坚持科学性、实用性、先进性和职业性相统一，力求与网页设计技术发展同步，着重提高学习者的网页设计和制作能力。此外，本书较好地解决了一般书籍中存在的重理论、轻实践或理论与实践脱节、知识体系零碎化的问题，体现了"以学生为中心，以教师为主导，以培养学生的技能为目标"的教学理念，最终实现学生综合能力和综合素质的提高。

随着电子商务发展的日新月异，网页设计越来越细化，且制作技术和内容较以往有了质的飞跃。为了紧跟行业发展，把握行业与市场需求，本书坚持"岗位引领""工作过程系统化"等课程设计思想，按照职业岗位工作过程、学生认知规律，将能力目标和知识目标合理地分配到各学习模块中。本书设置了以下模块内容。

模块一：电子商务网站页面赏析。通过赏析不同类型的电子商务网站，让学生形象地理解电子商务网页设计与制作中网页的版面布局、色彩搭配、网页元素和导航设计等知识。

模块二：HTML5 简单页面设计与开发。通过对 HTML5 网页相关基础知识及各个执行菜单的讲解，帮助学生完成简单网页的设计，并能够独立完成实际案例中所需的网页制作。

模块三：Dreamweaver 本地站点配置。让学生熟悉 Dreamweaver 的工作环境，使学生能够熟练操作 Dreamweaver 工作区布局，并学会在 Dreamweaver 创建站点。

模块四：Dreamweaver 页面编辑。通过页面创建与保存、页面文本编辑、页面图像处理、页面链接处理、样式表设计、表格设计和表单设计等知识内容的讲解，使学生了解 Dreamweaver 页面编辑的主要内容，掌握基础页面编辑的操作流程。

模块五：Dreamweaver 行为应用。介绍了 JavaScript 技术基础和 JavaScript 行为应用，使学生在了解 JavaScript 脚本技术的基础上能够继续学习并掌握 JavaScript 脚本应用，能够创建简单的动态网页，提升网页的交互性。

模块六：Dreamweaver 页面布局。通过对页面布局基础及 CSS 盒子模型、DIV 行内对象及块级对象等内容的讲解，带领学生深入了解 DIV+CSS 布局技术，并对行业前沿的弹性布局与响应式布局有所掌握。

模块七：Dreamweaver 模板应用。通过讲解 Dreamweaver 模板的功能，以及模板创建、套用、更新、分离相关操作，使学生掌握 Dreamweaver 模板技术的应用。

模块八：静态商务网站发布。从域名注册、主机租用等网站发布的基础知识开始讲解，带领学生深入学习如何将网站上传到服务器，并使用 IIS 发布站点。

本书既可作为职业学校电子商务专业、计算机应用专业、信息管理专业等专业的相关课程用书，也可作为网页设计爱好者自学的参考用书，对网站设计和维护者也具有一定的参考

商务网页设计与制作

价值。

本书由江西工业职业技术学院经济管理分院王斯栓院长、赵怀明教授、陈头喜副教授主编，博导前程信息技术股份有限公司的教学顾问马静、宋宏昌、高维娜等参与编写。本书在编写过程中参考了大量书籍与网络资料，在此一并表示感谢。

本书在编写过程中力求准确、完善、贴合行业发展，但难免存在疏漏和不足之处，敬请广大读者批评指正。

编　者

002

目　　录

模块一　电子商务网站页面赏析

 模块概述

　　本模块作为《商务网页设计与制作》的第一部分，主要通过赏析不同类型的电子商务网站，让学生形象地理解电子商务网页设计与制作中网页的版面布局、色彩搭配、网页元素、导航设计等知识。优秀的电子商务网站案例有助于提高学生的网页设计水平，也能激发学生的学习兴趣。

 学习目标

☞ **知识目标**

1. 了解网页制作的基本原则。
2. 熟悉网站设计与制作的流程。
3. 掌握网站页面设计过程中的专业名词，如 WWW、网页、网站等。
4. 了解网页构成的基本元素。
5. 熟悉网页设计与制作的工具。
6. 了解电子商务网页设计与制作中网页的版面布局、色彩搭配和导航设计等知识。

☞ **能力目标**

1. 具备对网站页面进行分析的能力。
2. 掌握网站规划设计的要点。

微课视频：商务网页
设计与制作课程概述

 **模块分解**

学习单元一　赏析中小企业形象网站

　　企业网站是企业在互联网上进行网络营销和形象宣传的平台，相当于企业的网络名片，不但对企业的形象起到良好的宣传作用，还可以辅助企业的销售人员通过网络实现产品的销售。此外，企业还可以利用网站来进行产品宣传、资讯发布、人才招聘等。网站制作应注重浏览者的视觉体验，加强客户服务，完善网络业务，从而吸引潜在客户的关注。

一、分析"北京博导前程信息技术股份有限公司"网站

北京博导前程信息技术股份有限责任公司成立于 2006 年，创始人为段建。公司主要提

供专业的教学实验软件研发与销售服务，目前已研发并销售电子商务系列教学软件、电子政务系列教学软件、市场营销教学软件等在内的 60 余套教学产品。网址为"http://www.bjbodao.com"，主页如图 1-1-1 所示。

图 1-1-1　北京博导前程信息技术股份有限公司网站主页

该企业官方网站主要面向校企合作的对象及相关产业的潜在用户，属于高新科技类企业网站。随着互联网的高速发展，竞争日益激烈，为了更好地吸引用户，更直观传达企业最有价值的信息，该企业加大了网站焦点图，在布局上扩大了 Banner 区域范围，同时在色彩表现上也较为丰富，采用了醒目的大红色，不仅能吸引用户驻足浏览，更能表现企业的活力。

Banner 主要用来展示企业 Logo、企业文化及咨询电话。

导航条设计着力体现公司特质，包括以下栏目。

"网站首页"栏目：主要帮助用户快速地返回首页。

"新闻动态"栏目：主要用来发布企业相关的最新消息及媒体对公司的宣传报道。

"博导前程"栏目：主要是关于公司业务、发展历程、组织结构、荣誉资质等与企业密切相关的内容介绍，帮助用户更快了解企业情况。

"网络营销培训"栏目：是企业的一项重要对外业务。

"教学软件"栏目：是企业最主要的产品展示。

"联系方式""售后服务""免费试用"栏目：是企业在客服及后续增值服务的体现。

滚动焦点图以轮播的方式展示公司重点推荐的产品及最新信息，是用户最快了解企业的重要窗口。焦点图的下方则是分两栏设置的公司业务介绍及突出产品服务，然后是公司荣誉简介及企业公司新闻动态；在产品推荐栏目，企业可以最大限度地推荐自己的特色产品；页尾则包括"关于我们""典型用户""联系方式""售后服务""友情链接"及公司官方微博的展示，更加全面地展示企业形象及业务拓展。网站页面最底部则是企业版权信息及网站备案信息。

二、网站分析总结

该类型网站是电子商务网站设计中经常遇到的类型，整页布局通常采用"同字型"和"左拐角型"。整体风格颜色多采用企业的标准色，或者采用 Logo 的颜色以及与企业主题相联系的颜色，一般是蓝色、灰色、红色等体现商务型简约风格的色调。

网站导航条的设计形式基本决定了该类网站的二级页面栏目分类，该类型企业网站常见栏目有：指示主页的"首页"、介绍企业的"关于公司"、展示新闻的"新闻中心"、展示产品的"产品中心"、体现服务的"营销网络"和"售后服务"、介绍人力资源的"加入我们"和体现联系方式的"联系我们"等。

原来在网站主页中用于宣传的 Banner 条，现在正逐渐变成主页中起主要修饰作用的模块。该模块主要由动态动画或静态图像组成，大小也在逐渐变大，看上去更为醒目、更具吸引力。这些修饰图像主要由图像素材和文字组成，常见的图像素材包括企业产品、企业建筑、企业人员、企业工程模块、与主题有关的修饰图像、说明资质的图表等。文字主要由企业文化、宣传口号、产品描述等构成。

网站的主体部分主要是各栏目的具体信息。底部一般是版权信息、友情链接、企业联系方式、说明性信息等。二级页面为了保持整个网站的风格，往往只在页面主题内容上有细微的变化。但也有一些例外，如服装、汽车等制造业企业网站，更注重网站的展示功能，通常以大量的修饰动画、图片素材修饰为主。而一些为人们生活提供服务的餐饮、娱乐、购物、休闲等服务类企业形象网站，在页面的布局上则更为开放，图像、动画、色彩运用更多，为了能更好地吸引普通访问者，在栏目设计上也会有自身行业的一些特色。

目前绝大多数企业网站都属于这一类型，这些网站实际上就像传统的企业宣传册。通过企业形象网站可以实现以下目标。

首先，宣传企业——提供大量和企业相关的信息。网站通常包括：企业历史、相关新闻、任务说明、重要模块介绍和常见问题解答等。在这样的网站上，图片仅作为文字的补充，当然，也可以有视频和 Flash 等。

其次，宣传产品和服务——企业可以通过建设一个网站来宣传新产品。这种以宣传为目的的网站是为了提升企业产品或服务的知名度。

最后，树立品牌——一个只通过分销渠道销售产品的制造企业可以建设一个网站，用来提供产品的官方信息和提升品牌的知名度。它是企业线下品牌建设的补充。

总而言之，企业不仅可以通过网站树立良好的形象，还可以通过信息服务型网站促进产品的销售，加强与客户的沟通和管理。

📖 知识要点

一、网页设计与制作的基本原则

网页制作的基本原则主要包括 3 个方面：内容、速度和页面美感。根据不同的网络环境和服务对象，这 3 个方面次序不同。

网页设计同样需要遵循设计的 3C 原则：简洁（Concision）、一致性（Coherence）和对比度（Contrast）。

二、网站设计与制作的 3 个阶段

第一阶段：网站规划。主要包含确定网站主题、搜集网站材料和规划网站架构等工作。

第二阶段：网站制作。主要包含网站制作、测试评估及网站正式上传等工作。

第三阶段：后期维护。主要包含网站的推广和营销，以及对网站的维护和内容的更新等工作。

学习单元二　赏析行业类综合网站

行业类综合网站即所谓的行业门户，可以理解为"门+户+路"三者的集合体，即包含为更多行业、企业设计服务的大门，丰富的资讯信息，以及强大的搜索引擎。

一、分析"3Q 三秦房产网"

"3Q 三秦房产网"是西安专业的房地产行业网站，致力于为房地产业界、主力购房人群、装修人群提供各类服务与资讯，网址为"http：//www.3qhouse.com/"，主页效果如图 1-2-1 所示。

图 1-2-1　3Q 三秦房产网主页

3Q 三秦房产网作为西安区域的房地产资讯行业的网站，在主体部分使用顶部大图 Banner+简单的栅格，这种布局能够为用户展示充足的内容，供用户浏览和探索，虽然这种布局随着屏幕、设备而有所差异，有的设计师会倾向于设计成固定宽或横跨整个页面的布局，但是总体的模式都大同小异。

提供资讯的行业网站，更多考虑的是访问者如何便捷地查找所需的信息及提供的信息的准确度和广度。因此，在导航栏设计和版面设计时都要考虑。主页可使各种分类信息一目了然，如图1-2-2所示。

图1-2-2　3Q 三秦房产网主页各种分类信息

二、分析"汽车之家"

"汽车之家"是国内最大、最专业的汽车主题网站之一，网址为"http://www.autohome.com.cn/"，主页效果如图1-2-3所示。

该网站除了有丰富的资讯、不同的分类列表、大量相关的行业广告之外，作为主题社区，比较侧重网友间的互动、共享，自主式的选车中心、各种推荐测评及各款车的论坛占据了网站相当大的比重。导航中不仅有各种关于汽车的栏目，更注重用户的体验，更加人性化。

该类型网站的二级页面一般是标题内容式的结构呈现，直接展示最直观的信息内容。这也是这类网站的特点和优势所在。

三、网站分析总结

该类型网站的布局结构常采用的是"左拐角型"和"同字型"分布。主要特色是属于行业性门户网站，主页上的资讯涵盖非常丰富，由于访问对象主要是行业内企业及相关人

图1-2-3　汽车之家网站主页

员，因此资讯的及时、全面、准确就成为此类网站的首要因素，美观和结构布局则为次要因素。由于广告收入是该类型网站的重要收入来源，因此该类型网站会在其页面上大量放置相关行业或企业的广告。

该类型网站的导航条设计也是以企业的需求来设置的。行业产品的分类非常重要，是方便访问者寻找资讯的重要渠道。作为行业性网站，论坛部分在网站中也占据了相当重要的地位，是访问者相互了解、互动、分享资源的主要版块。

一、WWW

WWW是World Wide Web的缩写，中文名为万维网，是Internet众多服务应用中最普及、功能最丰富的一个。人们平时上网浏览的网页正是万维网页面，网页设计与制作又可称为Web设计与制作。

WWW是由遍布在Internet上许多相互链接的超文本文档组成的系统，它将不同信息资源以网页的形式，由统一资源定位符（Uniform/Universal Resource Locator，URL）进行标识，通过超链接（Hyperlink）和超文本传输协议（Hyper Text Transfer Protocol，HTTP）有机地联系在一起，可使用Web浏览器软件进行浏览。

WWW的核心由3个标准构成：统一资源定位符（URL），这是一个世界通用的负责给万维网上（如网页）这样的资源定位的系统；超文本传送协议（HTTP），负责规定浏览器和服务器怎样相互交流；超文本标记语言（Hyper Text Markup Language，HTML），用于定义超文本文档的结构和格式。

二、网页和网站

网页是构成网站的基本元素，是承载各种网站应用的平台。网站是指一系列围绕同一主题统一风格的多个页面及其相关资源组成的集合。网站的具体内容就是网页，访问网站就是通过网页浏览器来获取该网站的资源信息或网络服务。

主页也称为"Home Page"，既是一个单独的网页，同时也是一个特殊的网页。一般每个网站有且只有一个主页，该主页与该网页的URL绑定，当在浏览器中输入一个网址的URL时，在浏览器上将显示该网站的主页。主页是一个标志，体现了整个网站的制作风格和主题，主页上通常还会包括整个网站的导航目录。

网站的网页一般包括静态网页和动态网页两种形式。

静态网页是指不与后台数据库交互的网页，是显示HTML格式的网页，内容相对固定，当需要改变其信息内容时，必须重新使用网页制作工具来对其进行修改，修改后的网页还要重新上传到服务器上以覆盖原来的页面。静态网页文件一般以.htm、.html、.shtml、.xml为扩展名。在静态网页上，可以出现各种动态的效果，如Gif动画、Flash、滚动字幕等，这些动态效果并不会改变页面本身内容。

动态网页通常由数据库交互和相应的应用程序构成，采用动态网站技术生成。动态网页文件一般以.asp、.aspx、.jsp、.php等为扩展名，并且在动态网页网址中常有一个标志性的符号，即"?"，如"http：//www.hzplanning.gov.cn/news_info.asp？Id=348"就是一个典型的动态网页的URL。

三、网页版面布局类型

网页版面布局大致分为"同字型""拐角型""标题正文型""封面型""框架型"等。

（1）"同字型"，也称为"回字型"，是国内企业类网站主页最常用的类型，分为顶端、主体和底部。顶端常由网站Logo、Banner和导航条构成。主体部分是网站的主要内容，一般分为3列，左右分列一些类目，中间是主要部分，有时也分为均分的四列。"同字型"最主要的特点就是沿着中轴线左右大致对称。底部是网站的基本信息、联系方式、版权声明等。如图1-2-4所示。这种结构是一般企业网站的首选，其布局能体现出稳重的风格，同时也比较大气。

（2）"拐角型"，分为"左拐角型"结构和"右拐角型"结构，国内企业网站常采用"左拐角型"结构。这种结构与"同字型"结构很接近，只是形式上有一定的区别，主要区别在于主体部分，它将整个页面分为两列。"左拐角型"结构的左侧列表为窄列，右列则很宽，如图1-2-5所示；"右拐角型"恰恰与之相反，顶端和底部与"同字型"类似。因此，这种布局经常与"同字型"结合运用，很多企业网站主页采用"同字型"，二级页面采用"左拐角型"，能够很好地体现整个网站的一贯风格。

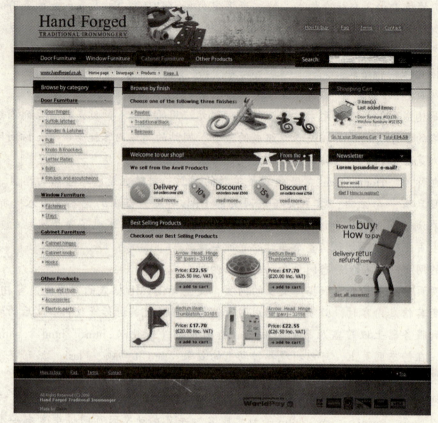

图 1-2-4 "同字型"网页

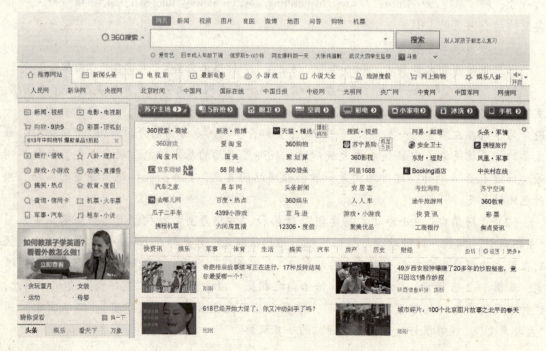

图 1-2-5 "左拐角型"网页

（3）"标题正文型"，该类型最上面是标题或类似的内容，然后是分割线，分割线下面是正文，如图 1-2-6 所示。这种类型多用于网站的新闻页面中。

2018国际产学研用合作会议在南昌举行 刘奇孙尧致辞并共同见证合作协议签署

更新时间： 2018年06月13日

6月12日，2018国际产学研用合作会议在南昌举行。省委书记、省长刘奇在会议开幕前会见教育部副部长孙尧等中外嘉宾一行。开幕式上，刘奇、孙尧致辞并见证合作协议签署。省委常委、省委秘书长赵力平，副省长吴晓军出席，副省长孙菊生主持。中国工程院

图 1-2-6 "标题正文型"网页

（4）"封面型"，基本上出现在一些网站的首页，整个页面的绝大部分为一个动画或精美的图像，然后通过几个简单的链接或通过单击可以链接到真正的主页，如图 1-2-7 所示。这种类型主要起美化和点题的作用，如同杂志的封面。

图 1-2-7 "封面型"网页

（5）"框架型"，就是采用框架的结构布局。常见的是"左右框架"，该结构分为左右两页，一般左面是导航链接，右面是正文，如图1-2-8所示。这种类型结构非常清晰，一目了然，常用于一些大型论坛中。

图1-2-8　"框架型"网页

四、构成网页的基本元素

网页由文本、图像、动画、超级链接等基本元素构成，这里将对这些基本元素进行简单介绍，为后面各模块中运用这些元素制作网页奠定基础。

动画视频：构成网页的基本元素

（1）文本。一般情况下，网页中最多的内容是文本，设计者可以根据需要对其字体、大小、颜色、底纹、边框等属性进行设置。建议用于网页正文的文字一般不要太大，也不要使用过多的字体，中文文字一般使用宋体，大小一般使用9磅或12像素左右即可。

（2）图像。丰富多彩的图像是美化网页必不可少的元素，网页使用的图像一般为JPG格式、PNG格式和GIF格式。网页图像主要有点缀标题的小图片、介绍性图片、代表企业形象或栏目内容的标志性图片，广告宣传图片等多种形式。

（3）超级链接。超级链接是Web网页的主要特色，它是指从一个网页指向另一个目的端的链接。这个"目的端"通常是另一个网页，也可以是下列情况之一：相同网页上的不同位置、一个下载的文件、一张图片、一个E-mail地址等。超级链接可以是文本、按钮或图片，鼠标指针指向超级链接位置时，会变成小手形状。

（4）导航栏。导航栏是一组超级链接，用来方便地浏览站点。导航栏一般由多个按钮或多个文本超级链接组成。

（5）动画。动画是网页中最活跃的元素，创意出众、制作精致的动画是吸引浏览者浏览的最有效方法之一。但是如果网页动画太多，也会物极必反，使人眼花缭乱，进而产生视觉疲劳。

（6）表格。表格是HTML语言中的一种元素，主要用于网页内容的布局，组织整个网页的外观,通过表格可以精确地控制各网页元素在网页中的位置。

(7)框架。框架是网页的一种组织形式,将相互关联的多个网页的内容组织在一个浏览器窗口中显示。例如,在一个框架内放置导航栏,另一个框架中的内容可以随单击导航栏中的链接而改变。

(8)表单。表单是用来收集访问者信息或实现一些交互作用的网页,浏览者填写表单的方式是输入文本、选中单选按钮或复选框、从下拉菜单中选择选项等。

网页中除了上述这些最基本的构成元素外,还包括横幅广告、字幕、悬停按钮、日戳、计算器、音频、视频、Java Applet 等元素。

五、网页设计与制作工具

进行网页设计与制作,往往需要通过辅助软件来完成。教学中所用的辅助软件主要有网页编辑工具 Dreamweaver、图像处理工具 Photoshop、动画制作工具 Flash。

学习单元三　赏析电子商务商城网站

电子商务商城网站其实相当于一个虚拟商店,主要是利用电子商务的各种手段,达成从买到卖的过程,减少生产商与消费者之间的环节,消除运输成本和代理中间的差价,尽可能使消费者的利益最大化。电子商务商城网站一般分为 B2C(商家对个人)、C2C(个人对个人)、B2B(商家对商家)3 种类型,下面就分别从这 3 种类型中选择苏宁易购、淘宝网和阿里巴巴国际交易市场作为分析对象,赏析电子商务商城网站。

一、分析"苏宁易购"网上商城

苏宁易购是苏宁集团旗下新一代 B2C 网上购物平台,现已覆盖传统家电 3C、红孩子母婴、海外购等品类。未来苏宁易购将依托强大的物流、售后及信息化支持,快速发展,成为中国领先的 B2C 平台之一。网址是"http://www.suning.com",主页效果如图 1-3-1 所示。

"苏宁易购"网页版面的大致布局是呈"同字型"或"左拐角型"结构。色调为暖色调黄色为主。"苏宁易购"的顶端部分由 Logo、导航条及方便访问者搜索相关信息的搜索栏构成。

网上购物商城的导航条一般不同于企业网站的导航条。苏宁易购打破以往的惯性思维,将左侧的全部商品分类导航区与导航条连接在一起,并且采用了层级式的分类列表索引,可以体现比较强的层次关系及比较好的扩展性,同时也能够比较容易展示当前商品的位置。苏宁易购在分类导航区采用三层结构,展示了其经销的商品,如同立体的货架。导航条除去左侧分类导航区外,还有其他比较重要的类目,如"大聚惠""红孩子""苏宁超市"和"电器城"等一些特色类目。

中间主体部分是商品促销信息区,由自动轮换的促销活动图像或动画组成。下面是平台活动专区,电子商务网站主页的内容有限,为了尽可能多地展示活动内容,会对活动内容进行划分,如图 1-3-2 所示,根据产品分为不同版块。在活动区每个商品类型都采用小的缩略图加上简要的标题文字和优惠力度进行表示。

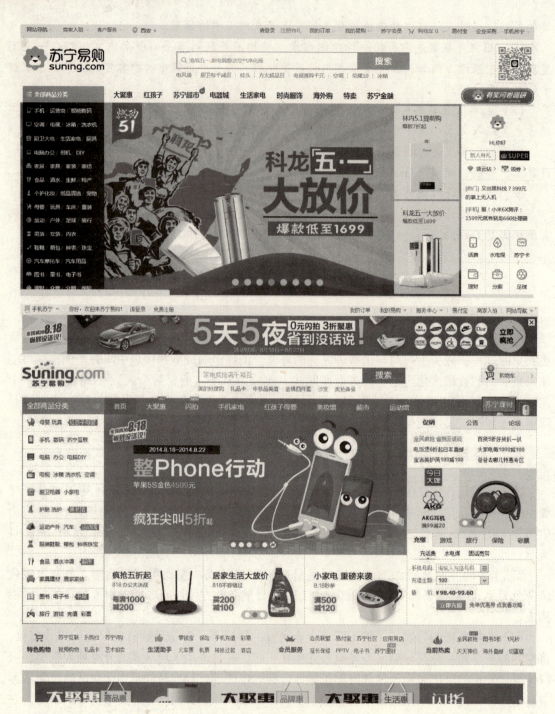

图 1-3-1　苏宁易购网站主页

图 1-3-2　苏宁活动区

在底部，除了常见的网上购物商城版权信息外，还有"购物指南""支付方式""物流配送""售后服务""商家服务""身边苏宁"等解决访问者购物疑问的栏目信息，如图1-3-3 所示。

正品保障	急速物流	售后无忧	特色服务	帮助中心
正品保障、提供发票	如约送货、送货入户	30天包退、365天包换	私人定制家电套餐	您的购物指南

购物指南	支付方式	物流配送	售后服务	商家服务	身边苏宁
导购演示	苏宁支付	免运费政策	退换货政策	商家入驻	全国300多个城市，3800家门店，近万个服务终端为您提供最贴心的服务！
免费注册	网银支付	物流配送服务	退换货流程	培训中心	
会员等级	快捷支付	签收验货	购买延保服务	广告服务	
常见问题	分期付款	物流查询	退款说明	商家帮助	
品牌大全	货到付款		退换货申请	服务市场	
	任性付支付		维修/保养	规则中心	

图 1-3-3　苏宁易购页尾

苏宁易购网站主色调与苏宁易购 Logo 相仿，整体色调清新，简单、分类明确是整个网站的设计风格。网站的频道规划比较全面，能够方便用户快速找到产品及对应栏目。

苏宁易购特有的社区模块配合在线客服系统，使消费者得以信赖苏宁易购的公正及对消费者认真负责。其所代表的便是苏宁易购坚定的服务理念"至真至诚，苏宁服务"。

苏宁易购与行业领先企业合作，页面设计更加人性化、产品分类更加合理化。利用实体店对顾客行为的研究结果，设定合理的 B2C 购物流程。在客户体验上，苏宁易购着力打造综合的电子商务门户，从丰富商品品类、拓宽服务，到提供全面的专业知识、内容资讯及建立易购社区。

二、分析"淘宝网"

淘宝网是亚太地区较大的网络零售商圈，由阿里巴巴集团在 2003 年 5 月 10 日投资创立。淘宝网现在业务跨越 C2C、B2C 两大部分。网址是"http：//www.taobao.com"，主页效果如图1-3-4 所示。

淘宝网在整个网站设计上主题鲜明，版式、目录结构设计紧密相连，静态与动态页面相结合，网页形式和内容统一。利用视频、图片、动画等多媒体技术更好地体现淘宝主题。

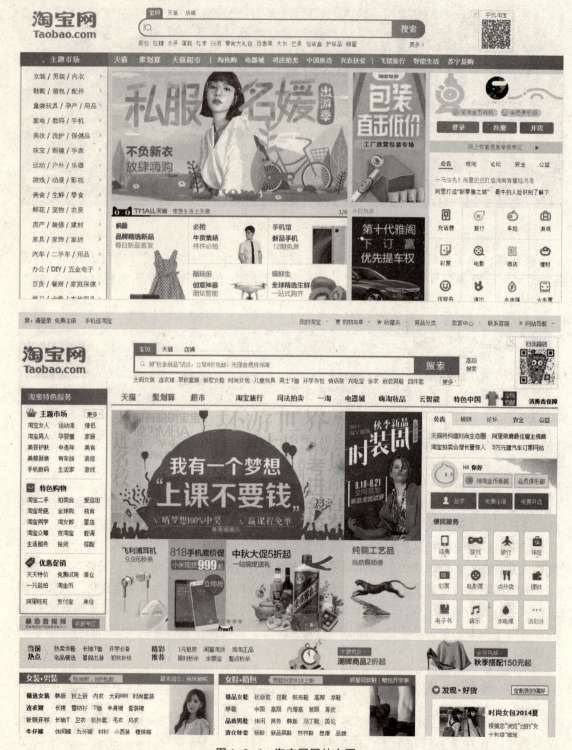

图1-3-4　淘宝网网站主页

　　在目录结构上，这个平台包括现在个人交易的所有模式，拍卖、一口价、讨价还价和张贴海报。淘宝网侧重于对商户的吸引，并且按栏目内容建立子目录，每个栏目目录下都建立独立的 Images 目录，而且每个目录的分类都达到了四级分类，这是一般的网站所达不到的。

三、分析"阿里巴巴国际交易市场"

阿里巴巴国际交易市场，创立于 1999 年，帮助中小企业拓展国际贸易的出口营销推广服务，它基于全球领先的企业间电子商务网站。阿里巴巴国际站贸易平台通过向海外买家展示、推广供应商的企业和产品，进而获得贸易商机和订单，是出口企业拓展国际贸易的首选网络平台之一。阿里巴巴国际交易市场服务全球 240 多个国家和地区数以百万计买家和供应商，展示超过 40 个行业类目的产品。网址为"http：//www.1688.com/"，主页效果如图 1-3-5 所示。

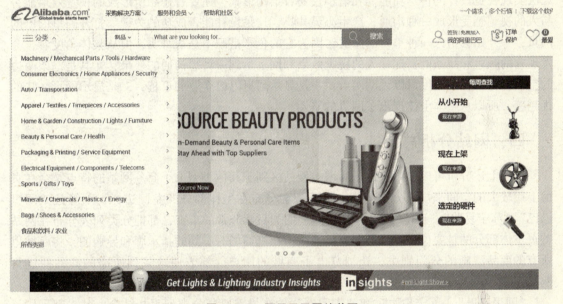

图 1-3-5　阿里巴巴网站首页

对于阿里巴巴网站的页面设计，以前可能更多考虑页面用色、导航条、按钮、标题栏的设计，依然采用"同字型"的结构，中间的焦点图则是网站最吸引人的卖点所在。

从整体结构来看，设计作品的整体效果是至关重要的，在设计中切勿将各组成部分孤立分散，那样会使画面呈现出一种枝蔓纷杂的凌乱效果。打开阿里巴巴的网站，访问者可以很快地查找到自己所要寻找的信息和内容，理由是它的每个页面都有独立的标题，并且网页标题中含有有效的关键词，每个网页还有专门设计的 META 标签，而且图形和文本层叠有序，框架结构明显。从整体上看网站上的图片不是很多，因为设计者知道搜索引擎读不出图片的信息和内容。

（1）从页面的相互关系看。阿里巴巴的各组成部分在内容上的内在联系和表现形式上的相互呼应很明确，注意到了整个页面设计风格的一致性，并且在搜索引擎搜索信息的情况下，阿里巴巴将它的主要业务放在了整个框架的最左边——这里是搜索引擎最关注的地方。它抓住了搜索引擎搜索信息的特点。页面实现了视觉上和心理上的连贯，使整个页面设计的各个部分极为融洽。

（2）从页面分割（分割是指将页面分成若干小块）的角度看。小块之间有视觉上的不同，这样可以使观者一目了然。阿里巴巴在这方面做得很出色。它在信息量很多时，将关键词列出来，将画面进行有效的分割，使关注者更清楚地知道关键词的背后就是他所要的信息。所以网页设计中有效的分割可以被视为对页面内容的一种分类归纳。

（3）从页面对比的角度看。对比就是通过矛盾和冲突，使设计更加富有生气。对比的手法很多，如多与少、曲与直、强与弱、长与短、粗与细、疏与密、虚与实、主与次、黑与白、动与静、美与丑、聚与散等。阿里巴巴在网页设计中无论是颜色、文本信息、文字的大小、格式等都无可非议。它的整体协调一致，让人整体感觉舒服。

（4）从页面和谐的角度看。和谐是指整个页面符合美的法则，浑然一体。如果一件设计作品仅仅是色彩、形状、线条等的随意混合，那么作品不但没有"生命感"，而且也根本无法实现视觉设计的传达功能。和谐不仅要看结构形式，还要看作品所形成的视觉效果能否与人的视觉感受形成一种沟通，产生心灵共鸣，这是设计能否成功的关键。打开阿里巴巴的网页，一开始会给人一种单一的感觉，因为它的色彩搭配不是很鲜明，但从整体角度看，会发现它的颜色和线条的搭配让人的视觉效果和网页达到一种想沟通的效果，尤其是框架两边的空白部分从美学角度可以说明两点：一是显示阿里巴巴企业的卓越；二是显示网页品味的优越感。所以从整体上体现出了网页的格调。

四、网站分析总结

通过上述分析可以得出：电子商城类网站区别于其他类型电子商务网站的特点是会在页面上用较大的空间来规划分类列表，它通常会分布在主体部分的左侧边栏，不管是"阿里巴巴""苏宁易购"，还是"淘宝网"，它们的类目都非常的丰富，都把分类列表分布在网站首页主体部分的首要位置。分类列表就像人们在逛商场时看到的指示牌和导购图，将商城里所有的商品清晰的分门别类，让浏览电子商城的用户能够方便地找到所需的商品并进行购买。

"阿里巴巴""苏宁易购"和"淘宝网"的布局需要与分类列表相结合，基本都采用了"左拐角型"的结构布局，主页中间的主要位置则是最新商品活动促销信息，再往下一般是各类商品的橱窗展示区域，三类网站主页的最底部一般都包括友情链接、网站版权及备案、常见问答等信息。

在浏览这3类电子商务商城网站时，单击首页栏目进入二级页面后，一般显示的内容都为某具体商品的描述页面，结构和主页不尽相同，包括商品的多张展示图片、图的右边则是该商品的名称、运费、规格、型号、价格、付款方式等。然后就是"加入购物车""立即购买"及"加入收藏"等涉及商品交易的按钮，最下面就是更加详细的"商品介绍""用户评价"等反馈商品适用情况的栏目和具体内容。

 知识要点

一、网站规划设计要点
（1）先用笔画出网站框架的草稿。
（2）在使用计算机编写前，考虑好页面布局和内容上的构思。
（3）慎用特殊字体。网站中显示的字体是由当前计算机所安装的字体所确定的，因为无法预测访问者的计算机上是否安装了同样的字体，若没有则系统会用默认的字体来代替，这样会使原来的效果完全改变，因此慎用特殊字体。若要使用特殊字体，一般可通过图像处理软件把该字体处理成图片，使访问时效果不变。

（4）页面中避免长文本。冗长文本页面通常是令人乏味的，人们为了阅读这些长文本，不得不使用滚动条，往往会放弃阅读。一般可以采用分段分页面、加大文本内容字体等方法，如许多图书阅读网站将原先实体书中的 1 页内容，分为几段在网上显示，字体往往比普通字体大。还有的会提供离线阅读的文档以便访问者下载后阅读。

（5）网页内容要易读。关键是要规划好背景色调和字体颜色的结合，以及字体大小和字体种类的设计。

（6）图像的运用。图像是为网站主题服务的，图像要兼顾大小和美观，合理采用 JPEG、PNG 和 GIF 图像格式。

（7）注重留白。网页中有恰当的留白可以让访问者有更大的想象空间。而整个页面到处都填满则是很糟糕的设计，除非是网站主题的需要，如一些门户类网站。

（8）注重对比。对比可以给整个网站带来动态点缀，突出主题，产生对比效果。起作用的因素有大小、颜色、字体、重心、形状、纹理等。

（9）注重连贯。整个网站需要保持统一的风格，许多要素要保持一致。这些要素通常包括布局、色调风格、字体、导航条等。

（10）不要忽视错别字，这是非常重要的。

二、电子商务网店的结构

电子商务网店从结构上来讲与网上购物商城非常类似，可以按照网上购物商城的设计方法进行规划设计。以淘宝网为例，其旺铺结构示意图如图 1-3-6 所示。

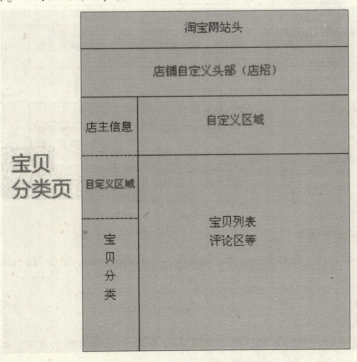

图 1-3-6　淘宝旺铺主页结构

网站头可以放置网店 Logo、Banner 和导航条。店主信息下面的自定义区域经常放置一些店铺告示板、信息栏和排行榜等。宝贝分类是网店中最重要的分类列表。店主信息右边的自定义区域是促销信息区。宝贝列表则常用于显示橱窗展示区。

 模块小结

作为本书的第一个模块，本模块首先对电子商务网页的基本常识、网页的基本构成及风格设置、网站布局常用结构与规划原理进行了分析；其次分别引用最常见的中小型企业形象网站、行业类综合网站、综合商城的具体实例进行了详细的分析；最后对电子商务网站的分类及不同电子商务网站的特点和功能进行了归纳。

本模块结合实例让学生形象地理解电子商务网页设计与制作中网页的版面布局、色彩搭配、网页元素、导航设计、页面风格等。同时让学生初步掌握电子商务网页的基本常识、网页基本构成、网站布局常用结构与规划原理的相关知识及技能。

模块实训

一、实训概述

本实训为赏析电子商务网站页面实训，学生通过教师提供的网站素材，认真学习，并结合本模块知识完成对相关网站的配色方案、版式结构、规划设计等方面的分析与认知，通过实训平台完成学习报告。

二、实训流程图

实训流程图如图 1-4-1 所示。

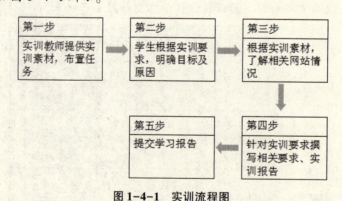

图 1-4-1 实训流程图

三、实训素材

（1）学生用计算机若干。

（2）实训调研站点：vancl.com 凡客诚品、dangdang.com 当当网、ctrip.com 携程旅行网。

四、实训内容

步骤 1：认知实训网站。

学生在浏览器中打开实训系统，仔细研究和分析每个网站的配色方案、版式结构、规划设计等。

步骤2：报表撰写。

学生根据研究结果，完成表1-4-1所示的实训报告统计。

表1-4-1　实训报告统计

网站	配色方案	版式结构	规划设计
dangdang.com			
vancl.com			
ctrip.com			

步骤3：了解电子商务网站网页设计的特点。

访问阿里巴巴、淘宝网等电子商务网站，分析对比各自网站主页、导航条类目，Banner设计的特点，页面主体的划分及二级页面的特征，然后将这些网页设计制作的要点记录下来并整理好，以便更好地明确自己的学习方向。

五、实训报告

根据要求完成实训报告，然后提交给教师。

模块二　HTML5 简单页面设计与开发

 **模块概述**

　　网页是网站的基础要素，要想制作出理想的网站就需要掌握 HTML5 网页制作的技巧，HTML5 是 HTML 的优化和升级版，相较于之前的 HTML，HTML5 添加了很多新的标记，适应效果更广泛，有利于制作出更美观的网站页面。本模块通过对 HTML5 网页相关基础知识及标记的讲解，帮助学生完成简单网页的设计与制作。

学习目标

☞ **知识目标**

　　1. 了解 HTML5 的发展概况。

　　2. 熟悉 HTML5 网页文档基本结构。

☞ **能力目标**

微课视频：**HTML5**
发展历程

　　1. 掌握 HTML5 多媒体技术中的 Audio 音频标记、Video 视频标记、Canvas 画布标记的实际应用。

　　2. 能够根据所学的 HTML5 知识，独立完成网页制作，并进行浏览和保存。

 **模块分解**

学习单元一　HTML5 页面基本结构分析

　　广义的 HTML5 一般是指 HTML、CSS、JavaScript 3 个部分。HTML 是编写的主流语言，也是目前在网络上应用最为广泛的一种语言。随着技术的发展，人们的需求也在不断地改变，旧的 HTML 语言在很多应用、表达等方面都已经很难满足人们的需求。为适应技术发展，2008 年 HTML5 诞生，截至目前 HTML5 仍然处于发展阶段。发展 HTML5 是为适应 Web 标准的发展及应用的需求。

一、HTML5 概述

　　HTML5 是万维网的核心语言、标准通用标记语言下的一个应用超文本标记语言（HTML）的第五次重大修改。

　　为了推动 Web 标准化运动的发展，一些公司联合起来，成立了一个 Web

动画视频：
认识 **HTML5**

Hypertext Application Technology Working Group（简称 Web 超文本应用技术工作组，缩写 WHATWG）的组织。WHATWG 致力于 Web 表单和应用程序，而 W3C（World Wide Web Consortium，万维网联盟）专注于 XHTML2.0。

在 2006 年，双方决定进行合作，创建一个新版本的 HTML。HTML5 草案的前身为 Web Applications 1.0，于 2004 年由 WHATWG 提出，2007 年被 W3C 接纳，并成立了新的 HTML 工作团队。HTML5 的第一份正式草案已于 2008 年 1 月 22 日公布。2012 年 12 月 17 日，万维网联盟正式宣布凝结大量网络工作者心血的 HTML5 规范已经定稿。根据 W3C 的发言稿称："HTML5 是开放的 Web 网络平台的奠基石。"

2013 年 5 月 6 日，HTML5.1 正式草案公布。第一次要修订万维网的核心语言：超文本标记语言（HTML）。在这个版本中，新功能不断推出，以帮助 Web 应用程序的作者，努力提高新元素的操作性。本次草案的发布，从 2012 年 12 月 27 日至今，进行了多达近百项的修改，包括 HTML 和 XHTML 的标记，相关的 API、Canvas 等，同时 HTML5 的图像 img 标记及 svg 也进行了改进，性能得到了进一步提升。支持 HTML5 的浏览器包括 Firefox（火狐浏览器）、IE9 及其更高版本、Chrome（谷歌浏览器）、Safari（苹果计算机的操作系统 Mac OS 中的浏览器）、Opera（挪威 Opera Software ASA 公司制作的支持多页面标签式浏览的网络浏览器）等；国内的傲游浏览器（Maxthon），以及基于 IE 或 Chromium（Chrome 的工程版或称实验版）所推出的 360 浏览器、搜狗浏览器、QQ 浏览器、猎豹浏览器等国产浏览器同样具备支持 HTML5 的能力。

2014 年 10 月 29 日，万维网联盟宣布，经过几乎 8 年的艰辛努力，HTML5 标准规范终于制定完成。

二、HTML5 网页文档基本结构

HTML5 网页文档基本结构如图 2-1-1 所示。

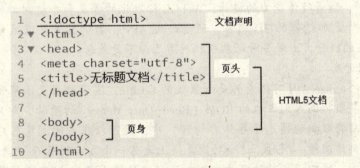

图 2-1-1 HTML5 网页文档基本结构

由此可见，HTML5 文档是由以下 4 个基本部分组成的。

（1）文档声明：<! doctype html>。声明这是一个 HTML 文档。

（2）<html>标签对：<html></html>。<html>标签的作用相当于设计者在告诉浏览器，整个网页是从<html>开始的，然后到</html>结束。

（3）<head>标签对：<head></head>。<head>标签是页面的"头部"，只能定义一些特殊的内容，如网页文档标题，网页使用的字符集，搜索引擎关键字等。

（4）<body>标签对：<body></body>。<body>标签是页面的"身体"，一般网页绝大多数的标签代码都是在这里编写的。

 知识要点

一、HTML5 的优势

1. 跨平台

在多屏时代，开发者会面临更多的挑战，开发人员期盼 HTML5 具有更多功能。多套代码、不同技术工种、业务逻辑同步，这是一个艰难的过程。类似个人计算机早期世界，那时每家的计算机都有自己的操作系统和编程语言，开发者疲于做不同版本，其实 DOS 的盛行也很大程度是因为开发者实在没有精力给其他计算机写程序。跨平台技术在早期大多因为性能问题而夭折，但中后期硬件能力增强后又会占据主流，因为跨平台确实是刚需。现在流行的浏览器都支持 HTML5，并且创建了 HTML5 doctype，这样所有的浏览器，即使非常老的浏览器（如 IE6）都可以使用。但是老的浏览器虽然能够识别 doctype，并不意味它可以处理 HTML5 标签和功能。幸运的是，HTML5 已经使开发更加简单，支持更多浏览器，这样老的 IE 浏览器可以通过添加 JavaScript 代码来使用新的元素。

2. 视频和音频支持

视频和音频通过 HTML5 标签来访问资源。正确播放媒体一直都是一件复杂的事情，原生开发方式对于文字和音视频混排的多媒体内容处理相对麻烦，需要拆分文字、图片、音频、视频，解析对应的 URL 并分别用不同的方式处理。HTML5 在这个方面完全不受限制，可以完全放在一起进行处理。在国外大型社区网站 Facebook、视频分享网站 Youtube、谷歌和微软等网站，都已经使用 HTML5 作为默认技术，它的优点是简洁、流畅和清晰。因为采用了统一的国际标准 H.264，国内已经出现手机 HTML5 视频网站。

3. 游戏开发

HTML5 提供了一个非常伟大的、移动友好的方式去开发有趣互动的游戏。手机网游的 3D 化是大势所趋，随着硬件能力的提升、WebGL 标准化的普及和手机网游的逐渐成熟，大量开发者需要创作更加精彩的 3D 内容。随着超级 APP、浏览器等渠道流量的开放，以及 HTML5 游戏品质的提升，出现多种爆款手机网游已经不是悬念。

4. 网页应用开发

HTML5 Web Storage API 可以看作是加强版的 Cookie，不受数据大小限制，有更好的弹性及架构，可以将数据写入到本机的 ROM（Read-Only Memory 的简称，即只读内存，是一种只能读出事先所存数据的固态半导体存储器）中，还可以在关闭浏览器后再次打开时恢复数据，以减少网络流量。同时，这个功能算得上是另一个方向的后台"操作记录"，而不占用任何后台资源，减轻设备硬件压力，增加运行流畅性。在线 APP 支持边使用边下载离线缓存，或者不下载离线缓存；而离线 APP 必须是下载完离线缓存才能使用。除此之外值得一提的还有 WebVR，WebVR 就是通过 HTML5 将虚拟现实场景嵌入到网页，目前已受到谷歌、Facebook 等巨头的拥护。Web 扩展了 VR 的使用范围，很多生活化的内容纳入了 VR 的创作之中，如实景旅游、新闻报道、虚拟购物等，其内容展示、交互都可以由 HTML5 引擎轻松创建出来。

5. 搜索引擎优化（Search Engine Optimization，SEO）

HTML5 有着开放的数据交换：HTML 是以 page 为单元开放代码的，它无须专门开发 SDK，只要不混淆，就能与其他应用交互数据。开发者可以让手机搜索引擎很容易检索到自

己的数据，也更容易通过跨应用协作来满足最终用户需求。这意味着更容易推广、更容易爆发、导流入口多。HTML5 应用导流非常容易，超级 APP（如微信朋友圈）、搜索引擎、应用市场、浏览器，到处都是 HTML5 的流量入口。而原生 APP 的流量入口只有应用市场。

二、HTML5 的特点

1. 语义特性（Class：Semantic）

HTML5 赋予网页更好的意义和结构。更加丰富的标记将随着对 RDFa 的微数据与微格式等方面的支持，构建对程序、对用户都更有价值的数据驱动的 Web。

2. 本地存储特性（Class：OFFLINE & STORAGE）

基于 HTML5 开发的网页 APP 拥有更短的启动时间，更快的联网速度，这些全得益于 HTML5 APP Cache，以及本地存储功能。Indexed DB（HTML5 本地存储最重要的技术之一）和 API 说明文档。

3. 设备兼容特性（Class：DEVICE ACCESS）

从 Geolocation 功能的 API 文档公开以来，HTML5 为网页应用开发者提供了更多功能上的优化选择，带来了更多体验功能的优势。HTML5 提供了前所未有的数据与应用接入开放接口，使外部应用可以直接与浏览器内部的数据相连，如视频影音可直接与 Microphones 及摄像头相连。

4. 连接特性（Class：CONNECTIVITY）

有效的连接工作效率，使得基于页面的实时聊天、快速的网页游戏体验、优化的在线交流得到了实现。HTML5 拥有更有效的服务器推送技术，Server-Sent Event 和 WebSockets 就是其中的两个特性，这两个特性能够帮助用户实现服务器将数据"推送"到客户端的功能。

5. 网页多媒体特性（Class：MULTIMEDIA）

支持网页端的 Audio、Video 等多媒体功能，与网站自带的 APPS、摄像头、影音功能相得益彰。

6. 三维、图形及特效特性（Class：3D，Graphics & Effects）

基于 SVG、Canvas、WebGL 及 CSS3 的 3D 功能，用户会惊叹于在浏览器中所呈现的惊人视觉效果。

7. 性能与集成特性（Class：Performance & Integration）

没有用户会永远等待网页 Loading，HTML5 会通过 XMLHttpRequest2 等技术，帮助 Web 应用和网站在多样化的环境中更快速地工作。

8. CSS3 特性（Class：CSS3）

在不影响性能和语义结构的前提下，CSS3 中提供了更多的风格和更强的效果。此外，比较之前的 Web 排版，Web 的开放字体格式（WOFF）也提供了更高的灵活性和控制性。

学习单元二　通过 HTML5 制作简单的网页

HTML5 是一种超文本标识性的语言，用来描述 WWW 上超文本文件。它是由一些特定符号和语法组成的，是 HTML 的优化升级版，两者都是网页制作最基础的语言，使用其他任何工具制作的网页最终都要以 HTML 方式存储在计算机中，因此理解和掌握 HTML5 语法十分重要。江西特产商贸想要制作婺源绿茶推广网页，希望制作的网页能够体现以下信息：婺源绿茶的简介、婺源绿茶的特点及婺源绿茶的功效。

一、HTML5 文本标记

文本是网页中最基本的元素，可以采用以下标记设置文本（文字格式标记就是文本标记的具体化，一般使用文字标记来更改网页文字）的字体、字号、颜色，以及换行、加粗、加大、插入字体等。常用的文字标记如表 2-2-1 所示。

表 2-2-1 HTML5 文字格式标记

标签	描述	标签	描述
\<b\>	定义文本加粗	\<strong\>	定义加重语气文本，显示为粗体
\<big\>	定义大字号	\<small\>	定义小号字
\<sub\>	定义下标字	\<sup\>	定义上标字
\<ins\>	定义插入字	\<del\>	定义删除字
\<i\>	定义斜体字	\<em\>	定义强调文本

以"婺源绿茶"为例填写在 HTML5 的文本标记，如图 2-2-1 所示。

```
<!doctype html>
▼ <html>
▼ <head>
<meta charset="utf-8">
<title>婺源绿茶</title>
</head>
▼ <body><!-h系列的标签标识文章当中的各种标题,不但加粗加大文本,同时强调内容->
        <h1>婺源绿茶简介</h1>
        <h2>婺源绿茶特点</h2>
        <h3>婺源绿茶功效</h3>
        <!-视觉标签->
        <b>使用粗体显示内容</b><br/>
        <strong>使用粗体显示内容文本,同时强调该内容</strong><br/>
        <i>使用斜体显示文本内容</i><br/>
        <em>使用斜体显示文本内容同时强调</em><br/>
        <del>在文本上显示中划线,表示文本被删除</del><br/>
        <q>表示引用</q><br/>
        <small>使用小一号字体</small><br/>
        log<sub>n</sub>10<br/>
        x<sup>10<br/>
        <u>在文字下添加下划线</u><br/>
</body>
</html>


</img src="url 地址    alt="替代文字"/>
```

图 2-2-1 HTML5 文本标记

二、HTML5 图像标记

在网页中使用图像可以增加网页的美观度，网页中最常使用的是插入图像和设置背景图像。

1. 图像标记

<img>标记是用来插入图像的，即定义 HTML5 中的图像。<img>标记有两个必有的属性：src 和 alt。其语法格式如图 2-2-2 所示。

```
</img src="url 地址"    alt="替代文字"/>
```

图 2-2-2　<img>标记语法格式

src 是指要添加的图像所在的具体路径和文件名。路径可以是相对路径，也可以是绝对路径。

相对路径是指当前文档与目标的相对位置，如 src = 1. bmp，就表示 1. bmp 这个文件和当前 HTML5 文件在同一个目录的相对位置下，直接写文件名称就可以了。需要补充的一点是 "../" 表示上一级目录开始，"./" 表示当前同级目录开始，"/" 表示根目录开始。

绝对路径是指完整地描述文件位置的路径，如 "d：/imges/tp1. gif" 就表示一个文件名为 tp1. gif 的文件保存在 d 盘 imges 目录下。

<img>标记的另一个属性是 alt 属性，称为替换属性，当图片由于某种原因无法显示时，alt 的属性值就会代替图片出现；而当图片正常显示时，通常只要把鼠标停在图片上就会看到 alt 属性的属性值。

2. 图像热区标记

对图像的定义还有两个标记：<map>和<area>。

<map>标记用于定义一个客户端图像映射。图像映射是指带有可单击区域的一幅图像。<img>中的 usemap 属性可引用<map>中的 id 或 name 属性，应用时要同时向<map>添加 id 和 name 属性。

<area>标记用于标注图像中的可单击区域，通过<area>标记可以在图像中设置作用域（又称为热点），这样当用户的鼠标指针移到指定的作用域时会出现手形标志，单击可链接到预先设置好的页面，同时 area 元素总是嵌套在<map>标记中。

三、HTML5 标记属性

标记属性中需要明白属性和标记之间的逻辑关系，属性是表示标记的特征。而属性值是指为属性附的值。以下分别讲解 HTML5 不同的标记来学习对应的属性特征。

1. 图像标记属性

<img>标记下的两个必有的属性是 src 和 alt。除这两个属性外，<img>标记还有其他属性，如表 2-2-2 和表 2-2-3 所示。

表 2-2-2 <img>标记属性

属性	值	描述
Width	Pixels、%	设置图像的宽度
Height	Pixels、%	定义图像的高度
Border	Pixels	定义图像周边的边框
Usemap	URL	定义作为客户端图像映射的一幅图像
Align	Top、bottom、middle、left、right	规定如何根据周围的文本来排列图像
Hspace	Pixels	定义图像左侧和右侧的空白
Vspace	Pixels	定义图像顶部和底部的空白
Ismap	URL	定义作为服务器端图像映射的一幅图像
Longdesc	URL	指向包含长的图像描述文档

表 2-2-3 <area>标记属性

属性	值	描述
Shape	Default、rect、circle、poly	定义区域的形状
Cords	坐标值	定义可点区域（对鼠标明暗的区域）的坐标
href	URL	定义此区域的目标 URL

2. 表格标记属性

表格主要有<table>、<th>、<tr>、<td>4 个标记。这里详细讲解第一个标记属性，如表 2-2-4 所示。

表 2-2-4 表格标记属性

属性	值	描述
Width	Pixels、%	定义表格的宽度
Height	Pixels、%	定义表格的高度
Border	Pixels	定义表格边框的宽度
Align	left、center、right	定义表格对齐，一般不使用
Bgcolor	#rrggbb、colorname	定义表格的背景颜色，一般不使用
cellpadding	Pixels、%	定义单元边沿与其内容之间的空白
cellpadding	Pixels、%	定义单元格之间的空白

四、HTML5 简单网页制作

HTML5 简单网页可以使用 Dreamweaver 软件来制作，本模块学习单元一的"HTML5 网页文档基本结构"中已经讲解了如何创建 HTML5 网页，这里介绍从 HTML5 网页基本文档开始编辑需要制作的网页就可以了。还是以江西特产商贸中的婺源绿茶为例，在 Dreamweaver 软件中编辑好页面文字，网页标题是"婺源绿茶"，页面编辑的 3 个核心分别是"婺源绿茶简介、婺源绿茶特点、婺源绿茶功效"。再使用文字标签（如文字斜体、文字加粗等标签）添加需要的文字，如图 2-2-3 所示。

```
<!doctype html>
<html>
<head>
<meta charset="utf-8">
<title>婺源绿茶</title>
</head>
<body><!-h系列的标签标识文章当中的各种标题，不但加粗加大文本，同时强调内容->
        <h1>婺源绿茶简介</h1>
        <h2>婺源绿茶特点</h2>
<h3>婺源绿茶功效</h3>
<p> </p>
        <h3> <b>使用粗体显示内容</b><br/>
        <strong>使用粗体显示内容文本，同时强调该内容</strong><br/>
        <i>使用斜体显示文本内容</i><br/>
        <em>使用斜体显示文本内容同时强调</em><br/>
        <del>在文本上显示中划线，表示文本被删除</del><br/>
        <q>表示引用</q><br/>
        <small>使用小一号字体</small><br/>
log<sub>n</sub>10<br/>
x<sup>10<br/>
        <u>在文字下添加下划线</u><br/>
        </h3>
</body>
</html>


</img src="url 地址    alt="替代文字"/>
```

图 2-2-3   编辑页面文字

编辑好的 HTML5 网页与网页插入的图片放置在同一个文件夹中，重命名文件夹即可，随后给网页插入图片，在 Dreamweaver 软件中选择"插入"→"image"命令，插入文件夹中的图片，把插入的图片放置在页面的合适位置，浏览图片插入页面的效果如图 2-2-4 和图 2-2-5 所示，插入图片完成之后选择"文件"→"实时预览"命令即可浏览到创建的页面，如图 2-2-6 所示。

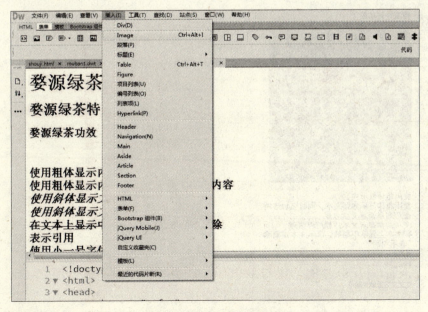

图 2-2-4   页面插入图片

图 2-2-5 图片插入页面效果

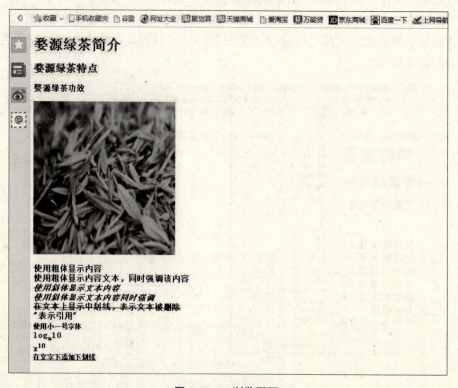

图 2-2-6 浏览页面

知识要点

一、HTML5 的主体结构元素

在 HTML5 中，为了使网页文档的结构更加清晰明确，主体结构增加了几个与页眉、页脚、内容区块和文档结构相关联的结构元素。表 2-1-5 所示为 HTML5 新增加的主体结构标记。

表 2-1-5　HTML5 新增加的主体结构标记

标记	含义
<header>	定义一个页面或开一个区域的头部内容，旨在作为网页的一个片段，增加页面的介绍信息的"容器"。它可以包含网站的名称、标记线、公司的 Logo 标志
<nav>	该元素用于构建导航
<article>	标记定义一篇文章，代表一个独立的、完整的相关内容块
<section>	标记一般用于文章的章节，标记对话框中的标记页，或者论文中有编号的部分
<aside>	该元素用来表示当前页面或文章的附属部分，该部分内容是与主要内容相关的内容，但并不属于主要内容的一部分。通常应用于侧边栏相关链接、广告等
<footer>	次元素定义一个网页文档会是 section 区域底部的内容

二、废除的标签

1. 能用 css 代替的元素

basefont、big、center、font、s、strike、tt、u，这些元素是为画面展示服务的，HTML5 中提倡把画面展示性功能放在 css 中统一编辑。

2. 不再使用 frame 框架

不再使用 frameset、frame、noframes 标签。HTML5 中不支持 frame 框架，只支持 iframe 框架，或者用服务器创建的由多个页面组成的符合页面的形式。

3. 只有部分浏览器支持的元素

applet、bgsound、blink、marquee 等标签。

4. 其他被废除的元素

废除 rb，使用 ruby 替代。

废除 acronym，使用 abbr 替代。

废除 dir，使用 ul 替代。

废除 isindex，使用 form 与 input 相结合的方式替代。

废除 listing，使用 pre 替代。

废除 xmp，使用 code 替代。

废除 nextid，使用 guids 替代。

废除 plaintex，使用"text/plian"（无格式正文）MIME 类型替代。

学习单元三　HTML5 多媒体技术应用

因为 HTML5 的优化，新增加了许多功能标记，特别显著的是增进了多媒体技术。例如，音频、视频、画布等图像展示方式，满足多领域的办公需求，下面详细讲解 3 个多媒体标记。

一、Audio 音频标记应用

Audio 音频标记定义声音，如音乐或其他音频流，也是 HTML5 新增加的标记。通过下面的操作步骤可了解 Audio 音频标记的使用方法。

微课视频：**Audio 音频标记概述**

步骤 1：新建一个文件夹。文件夹中包含 3 个文件，分别是 audio. htm、bg. mp3、sxs. ogg。如图 2-3-1 所示，这三个文件必须放置在同一个文件夹中。audio. htm 支持的是 IE 浏览器，sxs. ogg 支持的是谷歌浏览器。

步骤 2：使用<audio>标记嵌入音频文件，通过 IE 浏览器进行播放。直接输入<audio>标记，空格再输入 src；src 标记代表的是音频文件的路径，因为音频 bg. mp3 文件和 audio. htm 文件在同一个文件夹下，直接输入文件名称即可；然后输入结束标记。想要播放音频还要添加一个自动播放的属性：autoplay = true，语句如图 2-3-2 所示，具体为 < audio src = bg. mp3 autoplay = true </audio>。编辑完后保存，最后采用 IE 浏览器播放即可。

图 2-3-1　文件夹

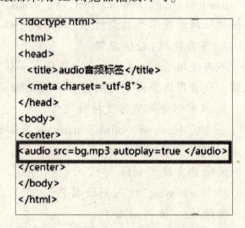

图 2-3-2　使用<audio>标记嵌入音频文件

步骤 3：设置自动播放音频，打开网页就可以播放音频，并且播放流畅。需要添加两个属性来实现，这两个属性分别是 loop = true、preload，编辑完后要及时保存，语句为：<audio src = bg. mp3 autoplay = true loop = true preload = true，如图 2-3-3 所示。如果浏览器不支持 audio 标记，可以在下面进行说明，语句为"对不起，您的浏览器不支持 audio 标签！"如图 2-3-4 所示。

```
<!doctype html>
<html>
<head>
    <title>audio音频标签</title>
    <meta charset="utf-8">
</head>
<body>
<center>
<audio src=bg.mp3 autoplay=true loop=true preload=true>
对不起，您的浏览器不支持audio标签！
</audio>
</center>
</body>
</html>
```

图 2-3-3 添加 loop=true、preload 属性

```
<!doctype html>
<html>
<head>
    <title>audio音频标签</title>
    <meta charset="utf-8">
</head>
<body>
<center>
<audio src=bg.mp3 autoplay=true loop=true preload=true>
对不起，您的浏览器不支持audio标签！
</audio>
</center>
</body>
</html>
```

图 2-3-4 添加说明

步骤 4：设置所有格式的音频文件可以进行播放。需要重新编辑属性，语句为：<source src=" bg. mp3" type=" audio/mpeg "><source src=" sxs. ogg type" =" audio/ogg" >，如图 2-3-5 所示。语句为：<source sre =" bg. mp3" type =" audio/mpeg" >，表示播放 bg. mp3 音频格式文件；语句为：<source sre =" sxs. ogg" type =" audio/ ogg" >，表示播放 sxs. ogg 音频格式文件。

```
<!doctype html>
<html>
<head>
    <title>audio音频标签</title>
    <meta charset="utf-8">
</head>
<body>
<center>
<audio src=sxs.ogg autoplay=true loop=true preload=true>
<source sre="bg.mp3" type="audio/mpeg">
<source sre="sxs.ogg"type="audio/ogg">
对不起,您的浏览器不支持audio标签！
</audio>
</center>
</body>
</html>
```

图 2-3-5 重新编辑属性

二、Video 视频标记应用

Video 视频标记是指定义视频、电影片段或其他视频流。通过下面的操作步骤可了解 video 视频标记的使用方法。

步骤 1：新建一个文件夹。文件夹中包含视频和需要嵌入视频的网页，将要使用的文件必须放置在同一个文件夹中。其中有两种视频格式，分别是 mp4 和 ogv，如图 2-3-6 所示。需要说明的是 mp4 格式可以在火狐、谷歌、IE 浏览器中播放，而 ogv 格式的视频只能在谷歌浏览器中播放。

图 2-3-6　文件夹

步骤 2：嵌入视频，播放视频。因为视频和视频路径在同一个文件夹下，直接输入路径即可。语句为：<video src = gkxms. mp4 autoplay = autoplay ></video>，如图 2-3-7 所示。添加 autoplay = autoplay 属性可以直接单击播放视频。

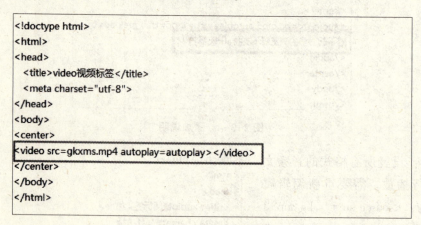

```
<!doctype html>
<html>
<head>
  <title>video视频标签</title>
  <meta charset="utf-8">
</head>
<body>
<center>
<video src=gkxms.mp4 autoplay=autoplay></video>
</center>
</body>
</html>
```

图 2-3-7　嵌入视频语句

步骤 3：嵌入的视频通过<video>标记中的控制面板按钮进行播放。可以添加 controls = controls 属性，单击"播放"即可，语句为：<video src = gkxms. mp4 controls = controls ></video>，如图 2-3-8 所示。

步骤 4：缩小视频窗口。可以添加<width = 400>标记调整视频宽度，如果不设置高度，视频便会自动调整，调整之后视频就会变小，语句为：<video src = gkxms. mp4 controls = controls　width = 400></video>，如图 2-3-9 所示。

```
<!doctype html>
<html>
<head>
  <title>video视频标签</title>
  <meta charset="utf-8">
</head>
<body>
<center>
<video src=gkxms.mp4 controls=controls > </video>
</center>
</body>
</html>
```

图 2-3-8　添加<controls=controls>标记

```
<!doctype html>
<html>
<head>
  <title>video视频标签</title>
  <meta charset="utf-8">
</head>
<body>
<center>
<video src=gkxms.mp4 controls=controls width=400 > </video>
</center>
</body>
</html>
```

图 2-3-9　设置视频窗口

步骤 5：设置视频循环播放。只需要添加 loop=loop 属性就可以循环播放视频，语句为：
<video src=gkxms. mp4 controls=controls width=400 loop=loop></video>，如图 2-3-10 所示。

```
<!doctype html>
<html>
<head>
  <title>video视频标签</title>
  <meta charset="utf-8">
</head>
<body>
<center>
<video src=gkxms.mp4 controls=controls width=400 loop=loop > </video>
</center>
</body>
</html>
```

图 2-3-10　设置视频循环播放

步骤 6：先加载视频，再播放视频。添加 preload=preload 属性预载命令即可。如果浏览器不支持 < video > 标记，可以在下面添加说明性文字，具体语句为：< video src = gkxms. mp4 controls=controls width=400 loop=loop preload=preload></video>，您的浏览器不支持<video>标签！如图 2-3-11 所示。

```
<!doctype html>
<html>
<head>
   <title>video视频标签</title>
   <meta charset="utf-8">
</head>
<body>
<center>
<video src=gkxms.mp4 controls=controls width=400 loop=loop preload=preload ></video>
您的浏览器不支持<video>标签！
</center>
</body>
</html>
```

图 2-3-11　添加<preload=preload>标记预载命令和说明文字

步骤7：设置不同的浏览器支持播放不同的视频。在<video>标记中使用多个<source>标记设置多个视频格式时，浏览器会播放第一个识别的视频，播放该视频后，后面的视频就不会播放，语句为：<source src=gkxms. mp4 type = " video/mp4 " ><source src = zpx. ogv type = " video/ogv">，如图 2-3-12 所示。即使调换了两个视频格式的前后顺序，如果用 IE 浏览器打开视频还会播放此视频，所以需要修改 ogv 视频格式为 ogg 格式，使用 IE 浏览器就能打开其他视频，语句为：<source src = zpx. ogv type = " video/ogv" ><source src = gkxms. mp4 type = " video/mp4" >，如图 2-3-13 所示，通过谷歌浏览器就可以打开对应的视频。

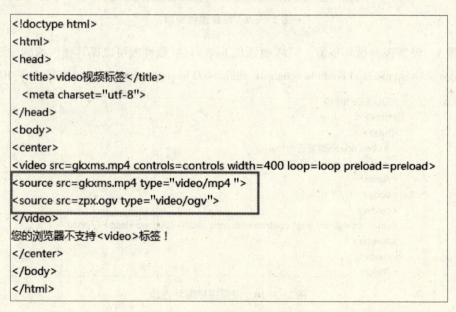

图 2-3-12　设置多个视频格式

```
<!doctype html>
<html>
<head>
  <title>video视频标签</title>
  <meta charset="utf-8">
</head>
<body>
<center>
<video src=gkxms.mp4 controls=controls width=400 loop=loop preload=preload>
<source src=zpx.ogv type="video/ogg">
<source src=gkxms.mp4 type="video/mp4 ">
</video>
您的浏览器不支持<video>标签！
</center>
</body>
</html>
```

图 2-3-13　调换视频前后顺序

三、Canvas 画布标记应用

1. Canvas 画布标记介绍

Canvas 画布标记是指定义画布标记，也就是绘制图形的工具。

2. Canvas 画布标记使用方法

通过下面的操作步骤可了解 Canvas 画布标记的使用方法。

微课视频：**canvas**
标签概述

步骤 1：介绍 Canvas 画布标记。

Canvas 画布标记并非具有绘制图形的能力，需要借助客户端的 JavaScript 脚本，通过绘图 API 的调用才可以在 Canvas 画布上绘制路径、矩形、圆、曲线、文字、图像及动画。使用画布对象的 get Context 方法获得画布的 2D 环境内容对象，该对象提供了用于在画布上绘图的方法和属性，用户只需借助 JavaScript 脚本调用该对象内置的 API 函数即可在画布上绘制图形或文字。

（1）画布 2D 对象常用的属性。

① strokeStyle 属性：用于设置或返回笔触颜色。

② lineWidth 属性：用于设置或返回笔触的粗细。

③ fillStyle 属性：用于设置或返回填充的颜色。

④ font 属性：用于设置或返回字符的大小和字体。

⑤ shadowColor 属性：用于设置或返回阴影的颜色。

⑥ shadowBlur 属性：用于设置或返回阴影的模糊级别。

⑦ shadowOffsetX 属性：用于设置或返回阴影矩形状的平面距离。

⑧ shadowOffsetY 属性：用于设置或返回阴影矩形状的垂直距离。

（2）画布 2D 对象常用的方法命令。

① moveTo（）方法命令：用于光标的定位，即定义线条的起点坐标。

② lineTo（）方法命令：用于在起点和终点之间绘制一条直线。

③ arc（）方法命令：用于创建圆或圆弧。

④ rect（）方法命令：用于创建矩形。

⑤ fill（）方法命令：用于绘制填充。

⑥ beginPath（）方法命令：用于定义一个新路径。

需要注意的是在使用 Canvas 画布标记之前要先安装可以加载 Canvas 画布标记的浏览器，如火狐、IE9、谷歌、苹果浏览器都支持 Canvas 画布标记属性。

步骤 2：新建文件夹。把需要操作的网页和图像放置在同一个文件夹下，如图 2-3-14 所示。

图 2-3-14　文件夹

步骤 3：绘制图像的前期工作。首先使用 Canvas 标记创建画布对象，即<canvas id＝my-canvas width＝700 height＝500></canvas>，图像的宽度为 700，高度为 500，画布对象创建成功。然后使用 JavaScrip 脚本在画布内绘制图像，嵌入的脚本是<script type＝" text/javascript></script>。需要注意的是输入 JavaScrip 脚本时如果一个命令由两个单词组成，第二个单词的字母一定要大写，如 getContext，需要注意填写所有的命令时结尾要用分号结束。

书写第一个语句的目的是获得 Canvas 画布对象，语句名称为 var c ＝ document. getElementByid（" mycanvas"），然后要在画布对象下获得一个 2D 环境内容对象才能真正地开始绘制图像。两者的关系就好比前者是一本书而后者就是书中具体的一页，2D 环境内容对象的语句是 var cc ＝ c. getContext（" 2d"），如图 2-3-15 所示。创建成功后就可以使用 JavaScrip 脚本对 2D 环境内容对象进行绘制操作。

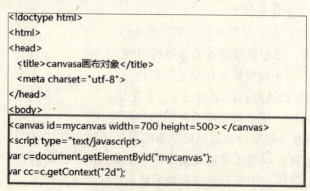

图 2-3-15　创建画布 2D 环境

步骤4：设置图像。依次设置线条的粗细、线条的颜色、线条的起点和终点，如图2-3-16 所示。

```
<!doctype html>
<html>
<head>
  <title>canvasa画布对象</title>
  <meta charset="utf-8">
</head>
<body>
<canvas id=mycanvas width=700 height=500></canvas>
<script type="text/javascript>
var c=document.getElementByid("mycanvas");
var cc=c.getContext("2d");
cc.beginPath();
cc.lineWidth=2;
cc.strokeStyle="orange"
cc.moveTo(300,40);
cc.lineTo(100,400);
```

图 2-3-16　设置图像

步骤5：绘制三角形图像。添加绘制图像的命令，即 cc. stroke（）；设置三条线，分别是 cc. lineTo（100，400）、cc. lineTo（500，400）、cc. lineTo（300，40）。绘制的结果如图2-3-17 所示，绘制橘色三角形的语句如图2-3-18 所示。如果想要修改线条的样式，那么只要修改对应的参数即可，如修改线条的宽度语句是 cc. lineWidth=12；修改线条的颜色语句是 cc. strokeStyle=" red"。需要注意修改线条之后，线条会出现缺口，添加 cc. lineCap="round"语句就可以避免线条缺口的问题，最终效果如图2-3-19 所示，绘制红色三角形的语句如图2-3-20 所示。

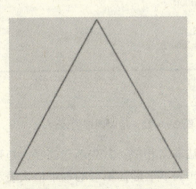

图 2-3-17　绘制三角形图像

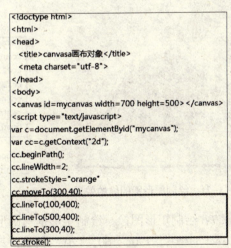

```
<!doctype html>
<html>
<head>
  <title>canvasa画布对象</title>
  <meta charset="utf-8">
</head>
<body>
<canvas id=mycanvas width=700 height=500></canvas>
<script type="text/javascript>
var c=document.getElementByid("mycanvas");
var cc=c.getContext("2d");
cc.beginPath();
cc.lineWidth=2;
cc.strokeStyle="orange"
cc.moveTo(300,40);
cc.lineTo(100,400);
cc.lineTo(500,400);
cc.lineTo(300,40);
cc.stroke();
```

图 2-3-18　绘制橘色三角形的语句

```
<!doctype html>
<html>
<head>
  <title>canvasa画布对象</title>
  <meta charset="utf-8">
</head>
<body>
<canvas id=mycanvas width=700 height=500></canvas>
<script type="text/javascript">
var c=document.getElementByid("mycanvas");
var cc=c.getContext("2d");
cc.beginPath();
cc.lineWidth=12;
cc.strokeStyle="red"
cc.lineCap="round";
cc.moveTo(300,40);
cc.lineTo(100,400);
cc.lineTo(500,400);
cc.lineTo(300,40);
cc.stroke();
```

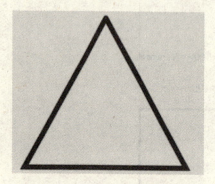

图 2-3-19   绘制红色三角形的效果

图 2-3-20   绘制红色三角形的语句

步骤6：绘制椭圆图像。重新创建一个新的路径，绘制一个圆形，圆形要用语句 cc. arc（300，，250，100，0，2 * Math. PI）来表示，其中的 arc 表示圆形，依次是圆心坐标，圆的半径及圆开始的弧度是 0，终止弧度是 2 * Math。语句 cc. fillStyle =" #ff00ff"；cc. fill（）代表的是圆形填充的颜色，用十六进制" #ff00ff" 表示，填充颜色是紫色。语句 cc. lineWidth = 3 表示的是圆的边线的粗细。语句 cc. strokeStyle =" blue" 表示的是圆边线的颜色。语句 cc. stroke（）表示的是绘制圆的边线。绘制的圆形如图 2-3-21 所示，绘制圆形的语句如图 2-3-22 所示。

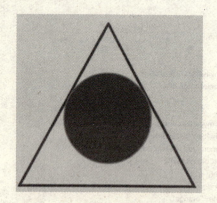

```
cc.beginPath();
cc.arc ( 300 , ,250 , 100 , 0,Math.PI);
cc.fillStyle="#ff00ff" ;
cc.fill();
cc.lineWidth=3;
cc.strokeStyle="blue";
cc.stroke();
</script>
</body>
</html>
```

图 2-3-21   绘制圆形图的像的效果

图 2-3-22   绘制圆形的语句

步骤7：绘制矩形图像。绘制矩形框与圆形的方法非常相似，首先新建路径，矩形要用语句 cc. rect（220，，190，160，120）表示，其中 rect 表示矩形，填写的数字依次表示的是矩形的长、宽和起始点。语句 cc. fillStyle =" #ff0099"；cc. fill（）代表的是矩形填充的颜色，用十六进制" #ff0099" 表示，填充的颜色是红色。语句 cc. lineWidth = 3 表示矩形边线的粗细。语句 cc. strokeStyle ="yellow" 表示矩形框的颜色为黄色。语句 cc. stroke（）表示矩形的边线。绘制的矩形如图 2-3-23 所示，绘制矩形的语句如图 2-3-24 所示。

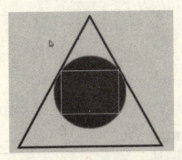

图 2-3-23 绘制矩形的效果

```
cc.beginPath();
cc.rect ( 220 , ,190 , 160 , 120);
cc.fillStyle="#ff0099";
cc.fill();
cc.lineWidth=3;
cc.strokeStyle="yellow";
cc.stroke();
</script>
```

图 2-3-24 绘制矩形的语句

步骤8：绘制文字。新建路径，语句 cc. strokeStyle =" red" 确定文字的颜色为红色。语句 cc. lineWidth = 1 确定字体的宽度。语句 cc. font =" 40px 隶书" 确定字体的像素和字体的样式。语句 cc. strokeText（" 飞舞的"，200.390）说明使用线条的方式绘制文字，设置文字坐标。语句 cc. fillText（" 蝴蝶"，325.390）说明使用填充的方式绘制文字，设置文字坐标，完成之后保存即可。绘制的文字效果如图 2-3-25 所示，绘制文字的语句如图 2-3-26 所示。

图 2-3-25 绘制文字的效果

```
cc.beginPath();
cc.strokeStyle="red";
cc.lineWidth=1;
cc.font="40px 隶书 ";
cc.strokeText("飞舞的 ", 200.390 ) ;
cc.fillText("蝴蝶 ", 325.390 ) ;
```

图 2-3-26 绘制文字的语句

步骤9：给画布贴图片。创建图形对象语句 var img = new Image（）；然后指定放在画布上面的图片，图片和网页文件要在同一个文件夹下。语句 img. onload = function（）{cc. drawImage（img，230，195）} 是指提前载入图像，否则不能显示图像。语句 cc. shadowColor =" pink" 是指给图像添加阴影，阴影的颜色是粉红色。语句 cc. shadowBlur = 30 是指调整阴影的模糊程度；语句 cc. shadowOffsetX = 3 是指阴影距离图片的水平间距。语句 cc. shadowOffsetY = 3 是指阴影距离图片的垂直距离。完成之后保存即可。图片展示效果如图 2-3-27 所示，给画布贴图片的语句如图 2-3-28 所示。

图 2-3-27 图片展示效果

```
var img=new Image();
img. src="hg1.png";
img. onload=function( ) {cc.drawImage(img,230,195)}

cc.shadowColor="pink";
cc.shadowBlur=30;
cc.shadowOffsetX=3;
cc.shadowOffsetY=3;
```

图 2-3-28 给画布贴图片的语句

知识要点

Audio、Video 格式及浏览器支持。

1. 音频格式及浏览器支持

目前，<audio>元素支持 3 种音频格式文件：MP3、Wav 和 Ogg，如表 2-3-1 所示。

表 2-3-1　音频格式及浏览器支持

浏览器	MP3	Wav	Ogg
Internet Explorer 9+	YES	NO	NO
Chrome 6+	YES	YES	YES
Firefox 3.6+	NO	YES	YES
Safari 5+	YES	YES	NO
Opera 10+	NO	YES	YES

2. 视频格式与浏览器的支持

当前，<video>元素支持 3 种视频格式：MP4、WebM 和 Ogg，如表 2-3-2 所示。

表 2-3-2　视频格式与浏览器的支持

浏览器	MP4	WebM	Ogg
Internet Explorer 9+	YES	NO	NO
Chrome 6+	YES	YES	YES
Firefox 3.6+	NO	YES	YES
Safari 5+	YES	NO	NO
Opera 10.6+	NO	YES	YES

（1）MP4 = 带有 H.264 视频编码和 AAC 音频编码的 MPEG 4 文件。

（2）WebM = 带有 VP8 视频编码和 Vorbis 音频编码的 WebM 文件。

（3）Ogg = 带有 Theora 视频编码和 Vorbis 音频编码的 Ogg 文件。

 模块小结

本模块讲解了 3 个学习单元，分别是 HTML5 页面基本结构分析、通过 HTML5 制作简单的网页及 HTML5 多媒体技术应用。首先，从 HTML5 的发展概述及 HTML5 网页文档基本结构开始讲解，为后期的操作网页奠定基础；其次，理解并熟悉制作基础网页要用到的 HTML5 文本标记、图像标记、标记属性到掌握制作简单网页的实操技能；最后扩充了 HTML5 新增的多媒体标记，让学生多角度地认识 HTML5 的功能应用，加深学生对 HTML5 发展前景的思考和理解。

模块实训

一、实训概述

本实训为运用 HTML5 设计简单的网页，学生通过教师讲解的 HTML5 知识和 Dreamwaver 软件，认真学习，并结合本书完成对 HTML5 网页文档基本结构、制作 HTML5 简单的网页等方面进行分析与认知，通过实训平台并完成学习报告。

二、实训流程图

实训流程图如图 2-4-1 所示。

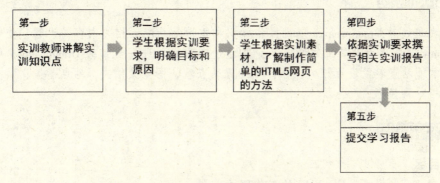

第一步	第二步	第三步	第四步
实训教师讲解实训知识点	学生根据实训要求，明确目标和原因	学生根据实训素材，了解制作简单的HTML5网页的方法	依据实训要求撰写相关实训报告

第五步

提交学习报告

图 2-4-1 实训流程图

三、实训素材

（1）学生机 PC 若干。

（2）实训操作软件：Dreamweaver 软件。

四、实训内容

步骤 1：认知 HTML5 网页基本结构。

学生在浏览器中打开实训系统，仔细研究和分析 HTML5 页面结构。

步骤 2：使用 Dreamweaver 软件创建 HTML5 网页。

学生建立一个新的 HTML5 网页，开始 HTML5 网页的基本流程操作。

步骤 3：根据所学的 HTML5 知识，完成一款耳机产品的 HTML5 网页制作，展示效果如图 2-4-2 所示。

图 2-4-2 耳机页面展示效果

五、实训报告

根据要求完成实训报告，然后提交至教师。

模块三　Dreamweaver 本地站点配置

模块概述

本模块通过对 Dreamweaver 基础操作知识和本地站点配置相关内容的讲解，使学生初步了解 Dreamweaver 界面及其工作区布局，并通过实践操作进一步掌握 Dreamweaver 中本地站点创建、本地站点参数设置相关操作，如设置站点默认图像文件夹、站点遮盖、站点设计备注、站点相对路径等。

学习目标

☞ **知识目标**
1. 熟悉 Dreamweaver CC 2017 的工作环境。
2. 了解 Dreamweaver 工作区布局。

☞ **能力目标**
1. 掌握站点的创建流程。
2. 掌握站点默认图像文件夹、站点遮盖、站点设计备注、站点相对路径的设置方法。

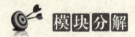

模块分解

学习单元一　Dreamweaver 基础操作知识

Dreamweaver CC 2017 是一款在目前工作中最优越的网页设计软件。该版本拥有全新代码编辑器、更直观的用户界面，以及多种增强功能。例如，对 css 预处理器等新工作流程的支持，提供完整的代码着色、代码提示和编译功能，可以帮助编程人员更轻松、更高效地设计网页，从而大大提升了工作效率。

本单元主要讲解 Dreamweaver CC 2017 的界面和工作布局。

一、Dreamweaver 界面认识

如图 3-1-1 所示，是 Dreamweaver 的启动界面。界面包含"最近浏览的文件""新建"和"了解"三部分。选择"最近浏览的文件"选项卡，就会出现上次编辑的网页；选择"新建"选项卡，可以创建新页面；选择"了解"选项卡，可以了解该软件的相关技巧和知识。

微课视频：Dreamweaver
界面详解

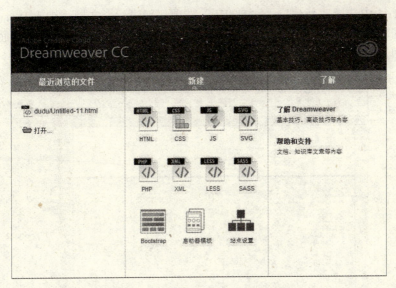

图 3-1-1 Dreamweaver 启动界面

以上界面在启动软件时会默认显示，如果不想显示该界面，执行菜单栏中的"编辑"→"首选项"命令（或按 Ctrl+U 组合键），取消选中"显示欢迎屏幕"复选框，如图 3-1-2 所示，取消选中该复选框后，启动 Dreamweaver 软件时，就不会再显示该界面了。

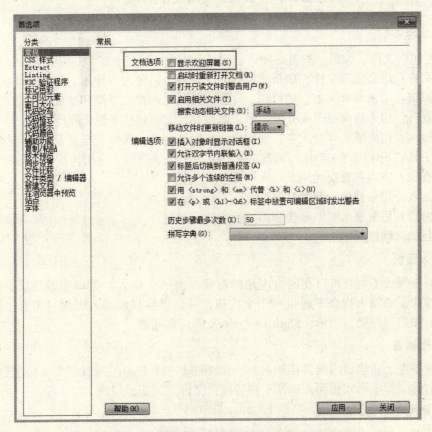

图 3-1-2 取消选中"显示欢迎屏幕"复选框

在图 3-1-1 中选择"新建"→"HTML"选项，新建一个文档，进入 Dreamweaver 的工作界面。如图 3-1-3 所示，Dreamweaver 的工作区界面包括：菜单栏、插入面板、文档标签、工作视图按钮、设计区、代码区、属性面板、文件面板。

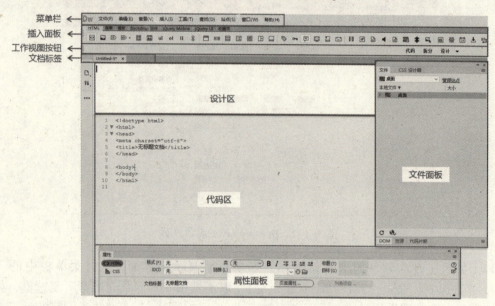

图 3-1-3　Dreamweaver 工作区界面

1. 菜单栏

菜单栏包含文件、编辑、查看、插入、工具、查找、站点、窗口、帮助命令。

（1）文件：用来管理文件，如新建、打开、保存、另存为、导入、输出打印命令等。

（2）编辑：用来编辑文本，如剪切、复制、粘贴、查找、替换和参数设置命令等。

（3）查看：用来切换视图模式及显示、隐藏标尺、网格线等辅助视图功能。

（4）插入：用来插入各种元素，如图片、多媒体组件、表格、框架及超级链接。

（5）工具：用来清理 HTML、标签、管理文字、更新页面、应用模板到页等相关操作。

（6）查找：查询和替换代码。

（7）站点：用来创建和管理站点。

（8）窗口：用来显示和隐藏控制面板及切换文档窗口。

（9）帮助：联机帮助功能。

2. 插入面板

插入面板集成了所有可以在网页应用的对象，包括"插入"菜单中的选项。插入面板组就是图像化了的插入指令，通过一个个按钮，可以很容易地加入图像、声音、多媒体动画、表格、图层、框架、表单、Flash 和 ActiveX 等网页元素。

3. 文档标签

文档标签左上角显示网页文档的名称，如 Untitle-11.html，当有多个文档进行编辑时，网页文档名称以标签形式排列，以便于在各网页文件之间快速切换。

4. 工作视图按钮

工作视图按钮提供各种文档窗口视图（如代码、拆分、设计）的选项。单击"代码"

按钮会出现代码区，单击"拆分"按钮会同时出现设计区和代码区，单击"设计"按钮会出现设计区，如图 3-1-4~图 3-1-6 所示。

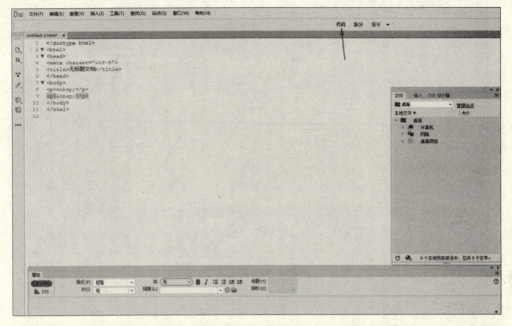

图 3-1-4 代码视图

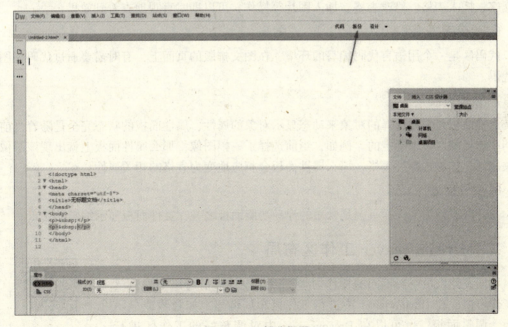

图 3-1-5 拆分视图

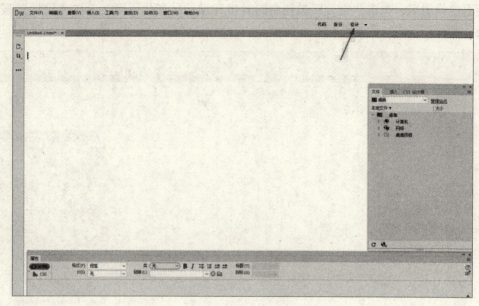

图 3-1-6　设计视图

5. 设计区

设计区类似 Word 软件排版，是一个可视化的编辑与设计环境。可以直接输入文字、编辑文字、插入表格、修改表格、插入图片等操作，可以即时直观地查看到效果。

6. 代码区

代码区是一个用语言代码编写的环境，在图文排版的页面上，有时需要通过代码视图检查代码。

7. 属性面板

属性面板是根据选择的对象来动态显示对象的属性，属性面板的状态完全是随着当前在文档中选择的对象来确定的。例如，当前选择了一幅图像，那么属性面板上就出现该图像的相关属性；如果选择了表格，那么属性面板会相应地变为表格的相关属性。

8. 文件面板

文件区又称为文件面板，是常用的浮动功能面板之一，文件面板显示编辑的站点。

二、Dreamweaver 工作区布局

不同设计人员有着不同的操作习惯，因此设计人员可以根据自己的工作习惯，在 Dreamweaver 中进行工作区布局调整，如隐藏或显示面板、调整面板；也可以在 Dreamweaver 中对调整好的工作区进行新建。

微课视频：**Dreamweaver** 工作区布局

1. 工作区布局调整

（1）隐藏或显示面板。

Dreamweaver 可以隐藏或显示全部面板或指定面板。

隐藏全部面板的操作，执行菜单栏中的"窗口"→"隐藏面板"命令（或按 F4 键），隐藏面板后可以最大化地显示设计区和代码区。如果想显示全部面板，再次按 F4 键，如图 3-1-7 和图 3-1-8 所示。

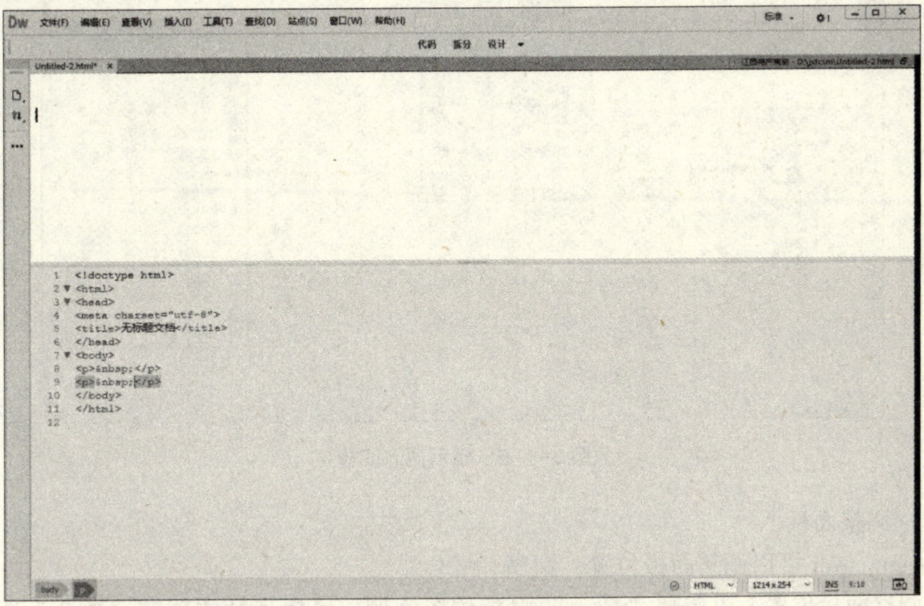

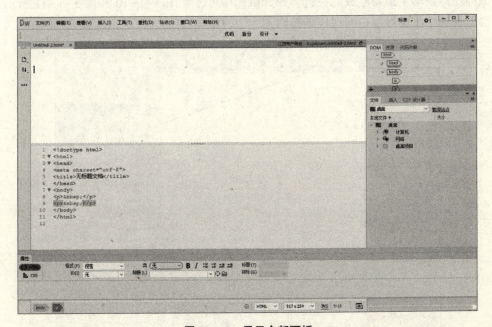

图 3-1-7　隐藏全部面板

图 3-1-8　显示全部面板

显示指定面板的操作。选择菜单栏中"窗口"选项，在需要显示的面板前选中即可，如选中"插入"选项，插入面板就会显示在工作区，如图 3-1-9 所示。如果想隐藏"插入"面板，取消选中"窗口"中的"插入"选项。

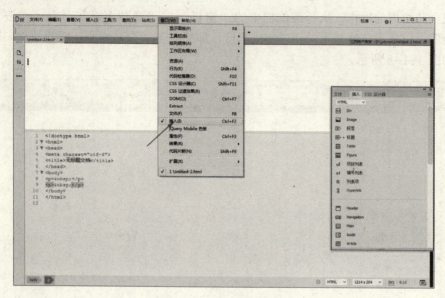

图 3-1-9　显示插入面板

（2）调整面板。

Dreamweaver 可以调整面板位置、顺序、组合。

①调整面板位置。以调整"插入"面板位置为例，鼠标指针放置在"插入"标题上，长按鼠标左键拖动至想要停放的位置，松开鼠标即可，如图 3-1-10 和图 3-1-11 所示。其他活动面板的位置也可以按照这样的操作方式进行调整。

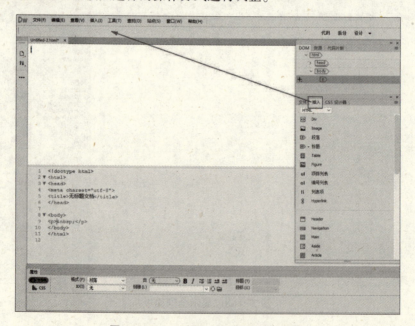

图 3-1-10　"插入"面板移动位置前

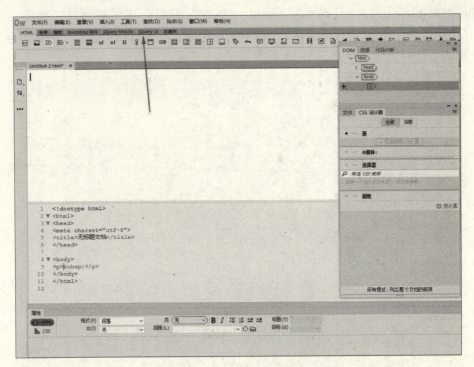

图 3-1-11　插入面板移动位置后

②调整面板顺序。以调整"文件"面板和"CSS 设计器"面板的顺序为例，鼠标指针放置在其中一个面板的标题上，长按鼠标左键拖动至需要的位置，调换后松开鼠标即可，如图 3-1-12 和图 3-1-13 所示。

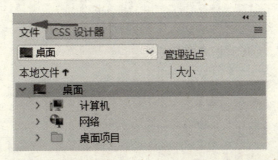

图 3-1-12　"文件"面板和"CSS 设计器"面板的顺序调整前

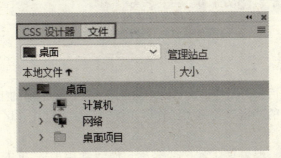

图 3-1-13　"文件"面板和"CSS 设计器"面板的顺序调整后

③调整面板组合。以"代码片段"面板、"DOM"面板、"CSS设计器"面板、"资源"面板组合为例，鼠标指针放置在其他3个面板的标题处，长按鼠标左键，分别移动至"代码片段"面板后松开鼠标，如图3-1-14和图3-1-15所示。

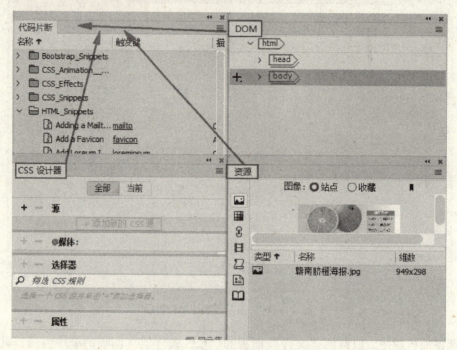

图 3-1-14　调整面板组合前

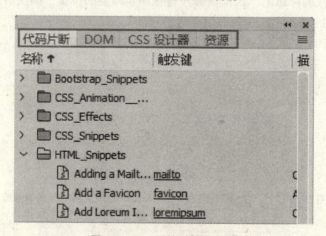

图 3-1-15　调整面板组合后

2. 新建工作区

对工作区布局完成后，为了使下次打开 Dreamweaver 还是之前的工作区布局，需要新建工作区，执行菜单栏中的"窗口"→"工作区布局"→"新建工作区"命令，如图3-1-16所示。

在出现的对话框中，编辑该工作区的名称，如"常用1"，单击"确定"按钮，如图3-1-17所示。

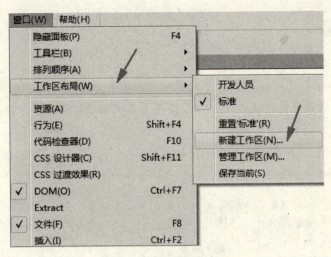

图 3-1-16　新建工作区

图 3-1-17　编辑新建工作区名称

新建工作区后，再次执行"窗口"→"工作区布局"命令，就可以看到"常用 1"的工作区。选择该工作区就可以打开之前的工作区布局，如图 3-1-18 所示。

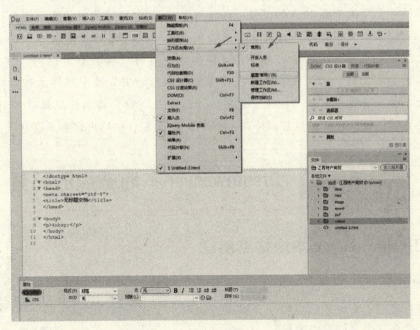

图 3-1-18　打开"常用 1"工作区

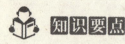 知识要点

一、如何设置工作区拆分布局（横向与纵向）

在进行网页设计时，Dreamweaver 中的代码拆分功能可以帮助设计人员更好地进行设计，实时查看自己设计的效果，方便修改，但如果是垂直视图看起来会不方便，所以需要进行更灵活的设置。

Dreamweaver 设置工作区拆分布局：执行菜单栏中"查看"→"拆分"→"垂直拆分"或"水平拆分"命令，如图 3-1-19 所示。

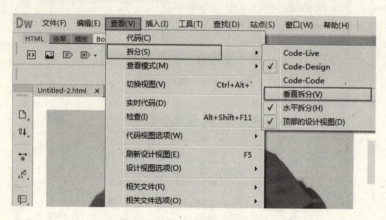

图 3-1-19　工作区拆分命令

二、"实时"视图

为了加快开发现代 Web 站点的进程，Dreamweaver 还包括了第四种显示模式，称为"实时"视图，它提供了大多数动态效果和交互性的类似于浏览器的预览状态。无论何时打开一个 HTML 文件，都可以通过单击文档窗口顶部的"实时"按钮随时访问"实时"视图。当激活"实时"视图时，大多数 HTML 代码像在实际的浏览器中那样工作，从而允许预览和测试大多数应用程序。当"实时"视图处于活动状态时，将不能编辑"设计"视图窗口中显示的内容。但此时，仍然可以修改"代码"视图窗口中的内容和层叠样式表。

学习单元二　Dreamweaver 本地站点的配置

一、Dreamweaver 本地站点创建

1. 创建站点目录文件夹

创建站点之前，需创建站点目录文件夹，以后对于这个站点的编辑与维护都会在这个文件夹中进行。

以"江西特产商贸"为例，在 D 盘中新建文件夹，命名为 jxtcsm。

微课视频：Dreamweaver
本地站点创建

在这个总文件夹中，可以按照网页制作的要求，创建不同分类的其他文件夹。这些分类文件夹命名一般使用通用名，如命名为 data、html、image、sound、swf、videos，如图 3-2-1 所示。其中 data 文件夹放置网站的数据库文件、html 文件夹放置网站的子页面文件、image 文件夹放置图片文件、sound 文件夹放置音频文件、swf 文件夹放置动画文件、videos 文件夹放置视频文件。使用这样的通用名，其他网页设计人员也能一目了然其中的内容，为以后的网站维护提供便捷。此外，为了使站点访问顺利，文件名一般使用的是英文小写或拼音，中间不加空格。

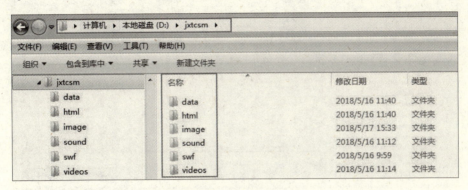

图 3-2-1　站点文件

2. 创建站点

目录结构创建完成后，就可以创建本地站点，具体操作步骤如下。

步骤 1：执行菜单中"站点"→"新建站点"命令，在弹出的对话框中输入站点名称"江西特产商贸"，如图 3-2-2 所示。

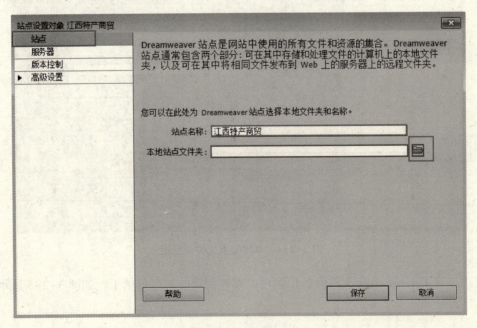

图 3-2-2　新建站点

步骤 2：在对话框中，单击右侧的 ▭ 图标，在出现的对话框中，选择之前在 D 盘创建好的目录文件夹 jxtcsm，如图 3-2-3 所示，单击"选择文件夹"按钮。完成本地站点文件夹的更改后，单击"保存"按钮，如图 3-2-4 所示。

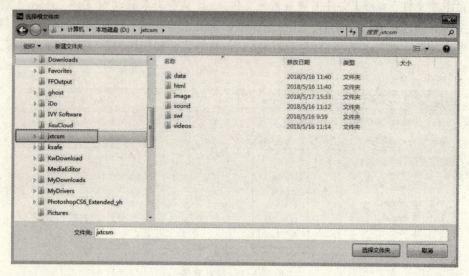

图 3-2-3　指定保存的文件夹

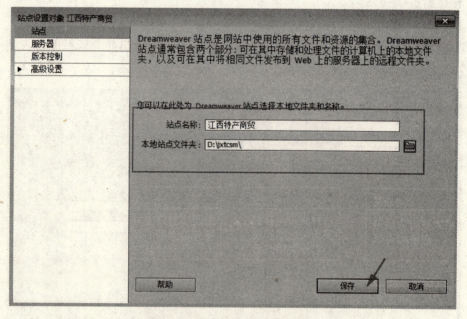

图 3-2-4　本地站点文件夹变更

此时，在 Dreamweaver 文件面板中就可以看到创建的站点目录了，如图 3-2-5 所示。

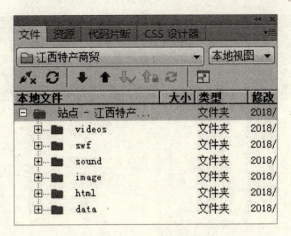

图 3-2-5 站点管理器

二、Dreamweaver 本地站点参数设置

1. Dreamweaver 站点默认图像文件夹

几乎所有的网页都包含了很多图像文件，设计人员经常会使用站外的图像素材插入到网页中。为了使这些图像文件自动保存在站点内的 image 文件夹中，避免站点迁移时丢失信息，需要对 Dreamweaver 站点默认图像文件夹进行设置，操作步骤如下。

步骤 1：单击"文件"面板中的下拉按钮，选择"管理站点"选项，如图 3-2-6 和图 3-2-7 所示。

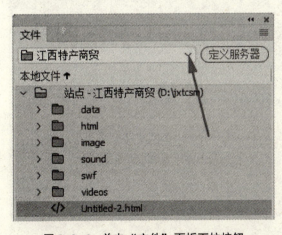

图 3-2-6 单击"文件"面板下拉按钮

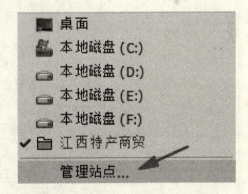

图 3-2-7 选择"管理站点"按钮

步骤 2：在"管理站点"对话框中选择"江西特产商贸"选项，单击 ✐ 图标，如图 3-2-8 所示。

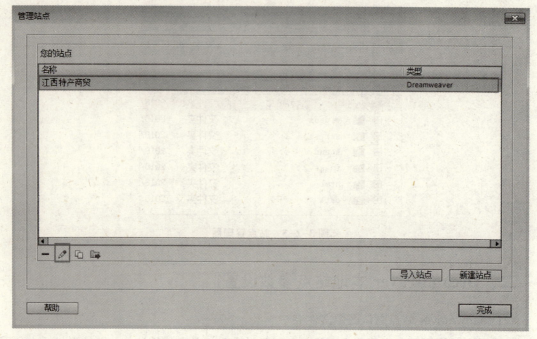

图 3-2-8 选择站点

步骤 3：打开"站点设计对象江西特产商贸"对话框，在站点设置中展开"高级设置"选项，选择"本地信息"选项，如图 3-2-9 和图 3-2-10 所示。

图 3-2-9 "高级设置"选项

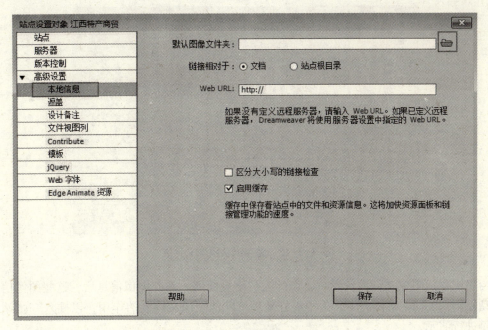

图 3-2-10　"本地信息"选项

步骤 4：单击"默认图像文件夹"右边的 📁 图标，选择 jxtcsm 文件夹中的 image 文件夹作为默认图像文件夹，如图 3-2-11 所示。

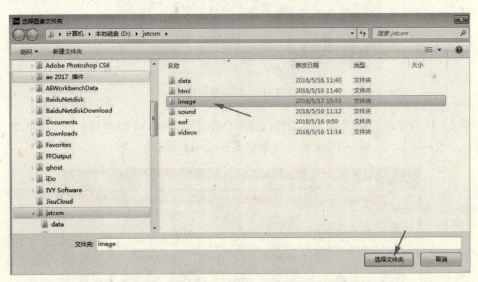

图 3-2-11　选择默认图像文件夹

步骤 5：此时默认图像文件夹的保存路径为 D：\jxtcsm\image，单击"保存"按钮，如图 3-2-12 所示。

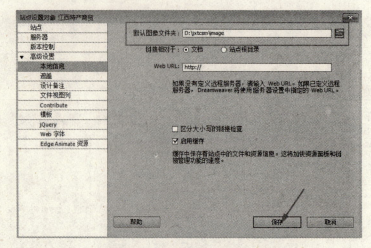

图 3-2-12 保存默认图像文件夹

当完成默认图像文件夹设置后，设计人员给页面插入站外图像信息后，这些图像信息就会自动复制到 image 文件夹中。为了更好地理解默认图像文件夹的作用，以插入一张站外海报为例进行演示。

步骤 1：如图 3-2-13 所示为一张制作好的海报，把该海报保存到站点以外的文件夹内，如保存到桌面上。

图 3-2-13 赣南脐橙海报

步骤 2：执行菜单栏中"插入"图像命令（或按 Ctrl+Alt+I 组合键），选择桌面上的海报，如图 3-2-14 所示，插入图像后的效果如图 3-2-15 所示。

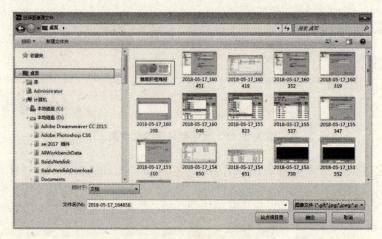

图 3-2-14 选择站外图像

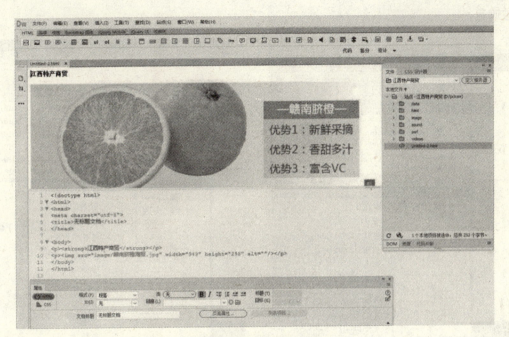

图 3-2-15　插入站外图像

因为之前已经设置默认图像文件夹为 image 文件夹，所以插入站外海报后，打开 image 文件夹就可以看到海报，如图 3-2-16 所示。

图 3-2-16　海报被保存到 image 文件夹中

2. Dreamweaver 站点遮盖

利用 Dreamweaver 站点的遮盖功能，可以从获取或上传的操作中排查某些文件或文件夹，也可以在站点操作中遮盖特定类型的文件。当上传整个本地站点文件时，被遮盖的文件是不会被上传的，站点遮盖设置具体操作步骤如下。

步骤 1：例如对之前上传到页面上的海报进行遮盖，在该图像上右击，在弹出的快捷菜单中选择"遮盖"命令，此时级联菜单中"遮盖"命令为灰色无法选择，需要启动掩盖，如图 3-2-17 所示。

步骤 2：在"启动掩盖"的状态后，再次把鼠标指针放在需要遮盖的文件上右击，选择"遮盖"命令，此时级联菜单中的"遮盖"命令就不再是灰色了，选择"遮盖"命令，如图 3-2-18 所示。遮盖后的文件图标上会出现红色斜杠，如图 3-2-19 所示，表明该图像已经被遮盖。

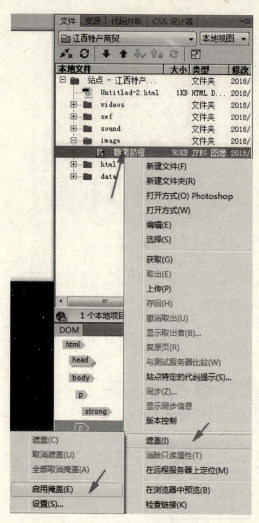

图 3-2-17 启动掩盖

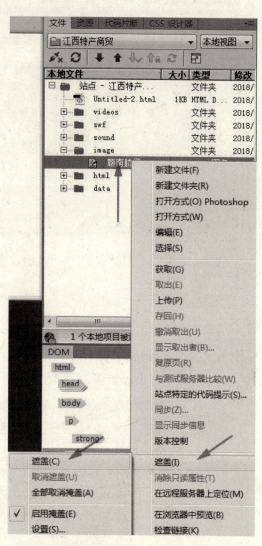

图 3-2-18 选择"遮盖"命令

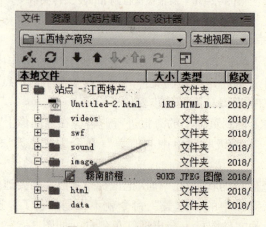

图 3-2-19 遮盖海报图像

完成遮盖设置后，如果需要取消遮盖，鼠标指针放在被遮盖的文件上右击，在弹出的快捷菜单中选择"遮盖"→"取消遮盖"命令，如图3-2-20所示。

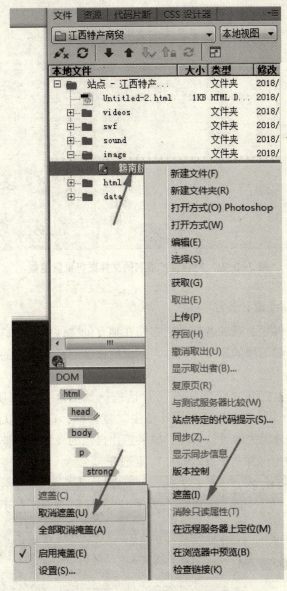

图3-2-20　"取消遮盖"命令

除此之外，也可以选择"高级设置"→"遮盖"命令，对扩展名的文件进行批量遮盖。如图3-2-21所示，对包含".fla、.psd、.less、.sass、.scss、.map"的扩展名文件进行遮盖。

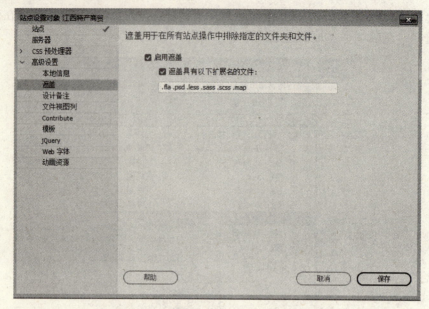

图 3-2-21　对包含扩展名的文件进行批量遮盖

3. Dreamweaver 站点设计备注

设计备注是指与文件相关联的备注，它存储在独立的文件中，用户可以使用设计备注来记录文档的相关信息，如图像的原文件名称、图像的来源路径和文件的状态说明等，站点设计备注操作步骤如下。

步骤 1：选择站点，打开"管理站点"对话框。如图 3-2-22 所示，选择"高级设置"→"设计备注"命令，选中"维护设计备注"复选框，首先可以清理设计备注，清理设计备注是指清除与文件无关的设计备注。如果想让自己的设计备注被设计小组内的成员看到，还需要选中"启动上传并共享设计备注"复选框。

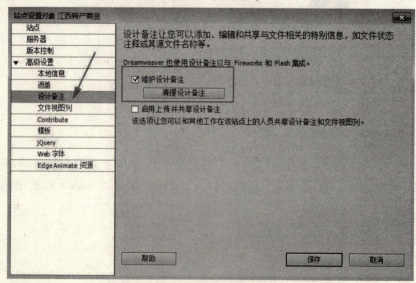

图 3-2-22　设计备注 1

步骤 2：对站点内容的网页进行设计备注，鼠标指针放在网页名上右击，在出现的快捷菜单中选择"设计备注"选项，如图 3-2-23 所示。

图 3-2-23 设计备注 2

步骤 3：如图 3-2-24 所示，在"设计备注"对话框中编辑备注，选中"文件打开时显示"复选框，单击"确定"按钮，此时就完成了对页面的设计备注。

步骤 4：设计备注的内容默认是隐藏的，可以在站点管理中选择"高级设置"→"文件视图列"选项，如图 3-2-25 所示，此时双击备注一行，在选中"显示"复选框，单击"保存"按钮，如图 3-2-26 所示。此时站点就会显示设计备注提示标记，如图 3-2-27 所示。

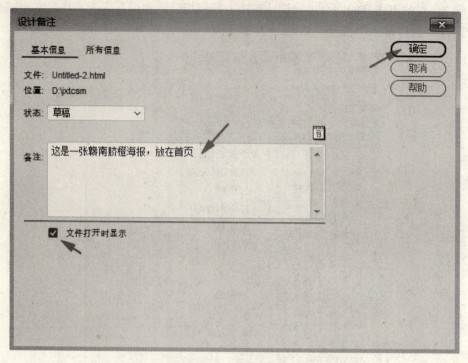

图 3-2-24　编辑备注内容

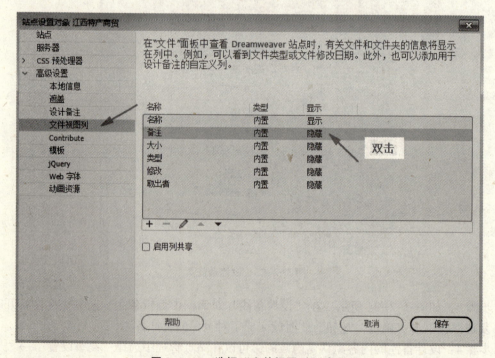

图 3-2-25　选择"文件视图列"选项

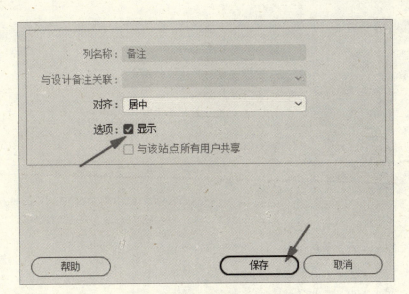

图 3-2-26　选中"显示"复选框

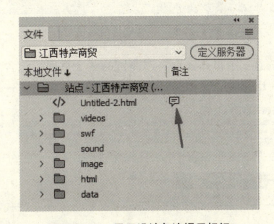

图 3-2-27　显示设计备注提示标记

4. Dreamweaver 站点相对路径

　　站点是围绕某一主题相关的页面文件、样式文件、脚本文件、图像文件、视频文件、动画文件和其他相关资源文件通过超级链接而组成的一个整体。在添加链接时，只能使用相对路径，不能使用绝对路径，否则本地站点文件夹移动或本地站点文件上传后，这个链接所指向的文件将无法打开。

　　依然以江西特产商贸的页面为例，在 Dreamweaver 中进行当前文档相对路径的设置，其操作步骤如下。

　　步骤1：打开站点管理中的"本地信息"页面，在"链接相对于"中选中"文档"单选按钮，如图 3-2-28 所示。

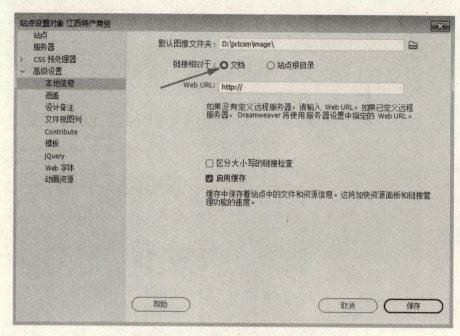

图 3-2-28　设置链接相对于文档

步骤 2：在 Dreamweaver 中打开江西特产商贸的 3 个页面，包含一个主页和两个商品页面，分别是 Untitled-1、Untitled-2、Untitled-3，如图 3-2-29~图 3-2-31 所示。

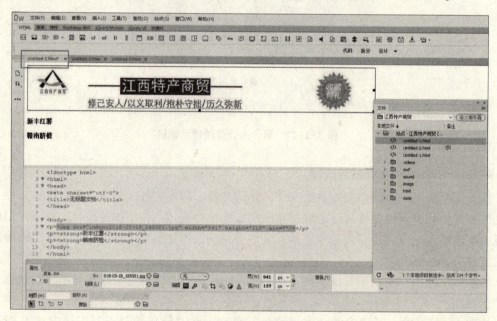

图 3-2-29　主页（Untitled-1）

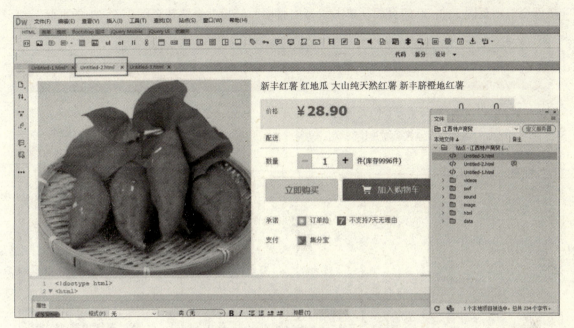

图 3-2-30　新丰红薯页面（Untitled-2）

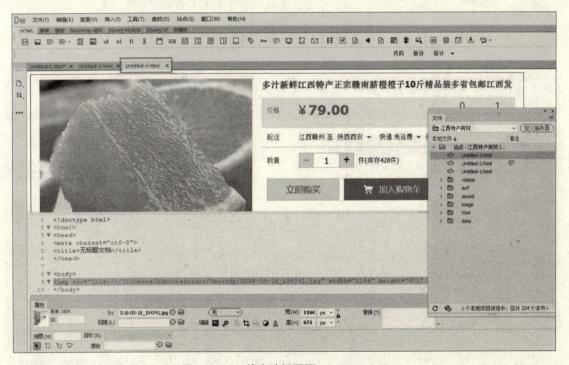

图 3-2-31　赣南脐橙页面（Untitled-3）

　　步骤 3：选中 Untitled-1 页面中的"新丰红薯"，在属性面板中单击，长按鼠标左键指向 Untitled-2，如图 3-2-32 所示。用同样的方式完成图 3-2-33 的操作。相对链接设置完成后，如图 3-2-34 所示，在代码区显示添加相对路径的代码。单击设计区的"新丰红薯"链接就会跳转至图 3-2-30 的页面，单击"赣南脐橙"链接就会跳转至图 3-2-31 的页面。

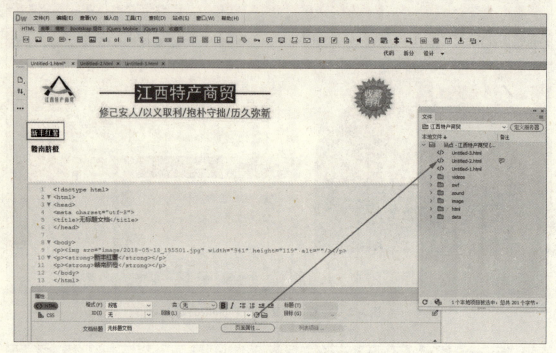

图 3-2-32　设置相对链接 1

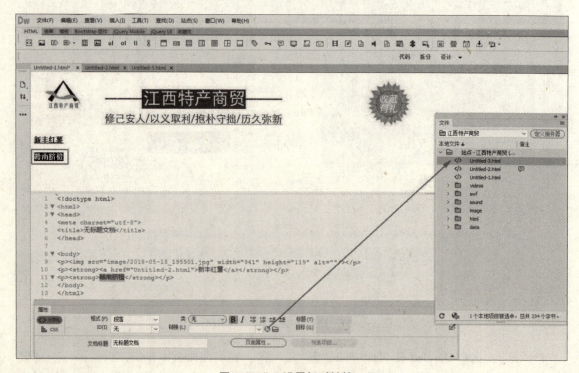

图 3-2-33　设置相对链接 2

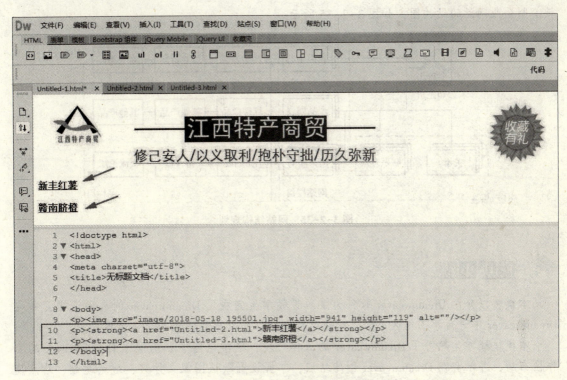

图 3-2-34　相对链接设置后

知识要点

一、站点

站点是指属于某个 Web 站点文件的本地或远程储存位置，也是存放网站内容的文件夹。站点的管理就是通过管理这些文件夹实现的，好的站点目录结构可以节省很多时间。站点可分为本地站点和远程站点。

动画视频：站点分类与结构规划

（1）**本地站点**：是网页制作者制作网页和测试网页的一个总的文件夹，所有网站文件都在这个文件夹中制作和完成。

（2）**远程站点**：是本地站点的一个映像，其结构与本地站点基本相同，完成网站建设后，将本地站点上的所有文件复制到远程站点中，成为供网民浏览的服务器。

二、站点结构的规划

站点结构应该在站点创建之前就规划设计好，只有经过详细的规划设计，才能使得整个站点的建立过程流畅。精心规划整个站点，使得整个网站具有良好的结构和统一的风格。这样既可以避免网页布局的杂乱无章，也可以避免日后维护工作的困难。

合理的结构可以帮助网站的访问者尽快查找到需要的资源，提高网站在访问者心目中的地位，而混乱的结构往往使访问者不知所措。规划站点结构必须牢记网站是为访问者服务的，必须想访问者所想，急访问者所急。例如，规划一个企业的网站，必须了解通常企业网站需要为用户提供什么，以及用户需要什么。确定了企业可以提供的资料后，就可以根据资料绘制企业网站的结构图，如图 3-2-35 所示。

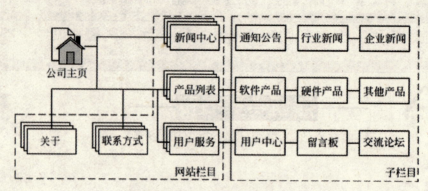

图 3-2-35　网站结构规划

模块小结

　　本模块以介绍 Dreamweaver 软件为主，带领学生完成了 Dreamweaver 的界面认识，并在 Dreamweaver 中进行了工作区布局、本地站点创建、站点参数设置的操作演示。

　　本模块让学生熟悉了 Dreamweaver 的工作环境，使学生能够熟练操作 Dreamweaver 的工作区布局，并学会在 Dreamweaver 创建站点，掌握设置默认图像文件夹、站点遮盖、站点设计备注、站点相对路径的方法。

模块实训

一、实训概述

　　本实训为 Dreamweaver 本地站点配置实训，学生需要根据教师要求，结合本书完成对 Dreamweaver 工作区布局、本地站点创建、本地站点的参数设置，最后完成实训报告的撰写。

二、实训流程图

　　实训流程图如图 3-3-1 所示。

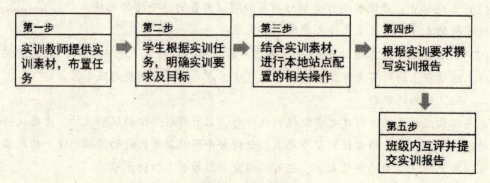

图 3-3-1　实训流程图

三、实训素材

安装 Dreamweaver CC 2017 的计算机若干，并连网。

四、实训内容

步骤1：Dreamweaver 工作区布局。

打开 Dreamweaver CC 2017，根据个人操作习惯，对工作区进行布局，把布局好的工作区进行新建，设置新建工作区名称为自己的姓名。

步骤2：Dreamweaver 本地站点创建。

以服装店为例，在 D 盘创建"fuzhuang"目录文件夹，完成效果如图 3-3-2 所示。

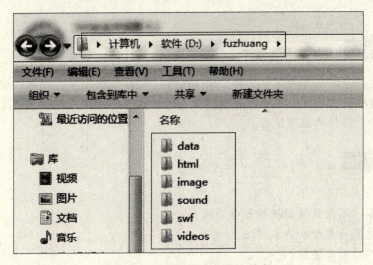

图 3-3-2　创建站点目录文件夹

并在 Dreamweaver 中创建站点，站点名称为"服装店"。

步骤3：本地站点的参数设置。

（1）对"服装店"站点进行默认图像文件夹设置。

（2）对站内 swf 文件夹进行遮盖。

（3）对站内 sound 文件夹进行设计备注，备注内容为"音频"，并使备注显示。

（4）在 Dreamweaver 中新建两个页面，在一个页面中输入文字"童装"；利用百度搜索一张童装图，插入另一个页面。并对其进行当前文档相对路径的设置，使第一个页面中的文字"童装"链接到第二个页面中。

五、实训报告

根据要求完成实训报告，然后提交给教师。

模块四　Dreamweaver 页面编辑

 **模块概述**

　　本模块通过对页面创建与保存、页面文本编辑、页面图像处理、页面链接处理、样式表设计、表格设计和表单设计等知识内容的讲解，使学生了解 Dreamweaver 页面编辑的主要内容，掌握基础页面编辑的操作流程。

学习目标

☞ **知识目标**

1. 熟悉文本、图像属性面板的各个功能。
2. 了解样式表的类型和基本写法。
3. 熟悉表单的处理流程。
4. 了解 HTML5 表单元素。

☞ **能力目标**

1. 掌握文本输入、插入图像的方法。
2. 能够设置不同类型的链接。
3. 能够创建样式表，制作表格和表单。

 **模块分解**

学习单元一　页面创建与保存

　　页面是组成网站的最基本单位，一个网站由数十个乃至成百上千个页面组成，因此页面是网站开发的最小单元。在 Dreamweaver 中，页面的创建与保存是网页制作的基础，对于初学者而言，页面创建操作是一切操作的开始，而页面的保存是操作的结束。本单元将从零开始，讲解如何使用 Dreamweaver 创建一个独立页面。

一、使用 Dreamweaver 创建简单网页

　　下面以创建江西特产商贸 HTML 页面为例来讲解如何使用 Dreamweaver 进行独立页面的创建与保存。首先，执行菜单栏中的"文件"→"新建"命令（或按 Ctrl+N 组合键），如图 4-1-1 所示。

微课视频：简单网页的创建与编辑（上）

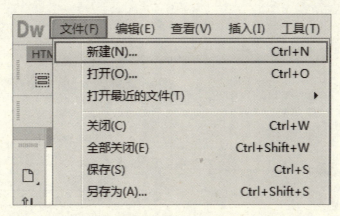

图 4-1-1　新建命令

如图 4-1-2 所示，在弹出的"新建文档"对话框中选择文档类型为 HTML，输入标题名称，在"文档类型"列表框中选择"HTML4.01"选项，单击"创建"按钮，即可新建一个 HTML 页面。

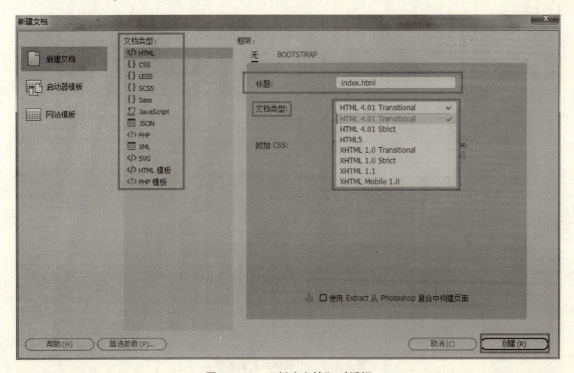

图 4-1-2　"新建文档"对话框

页面创建完成后，Dreamweaver 会自动进入"设计视图"窗口，用户在"设计视图"窗口中添加页面对象或文本内容（如输入"江西特产商贸"）后，Dreamweaver 就会自动生成页面代码，如图 4-1-3 所示。

页面编辑完成后，执行菜单栏中的"文件"→"保存"命令（或按 Ctrl+S 组合键），如图 4-1-4 所示。

```
江西特产商贸

  1  <!doctype html>
  2 ▼ <html>
  3 ▼ <head>
  4   <meta charset="utf-8">
  5   <title>jxtcsm</title>
  6   </head>
  7   |
  8 ▼ <body>
  9   江西特产商贸
 10   </body>
 11   </html>
 12
```

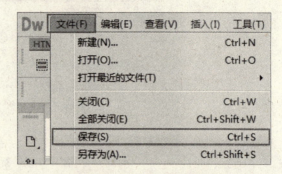

图 4-1-3 Dreamweaver 自动生成代码　　　　　图 4-1-4　"保存"命令

　　在弹出的"另存为"对话框中，将当前页面文档保存在江西特产商贸站点文件夹下，输入页面名称并选择页面文档类型后，单击"保存"按钮即可保存当前页面文档，如图 4-1-5 所示。

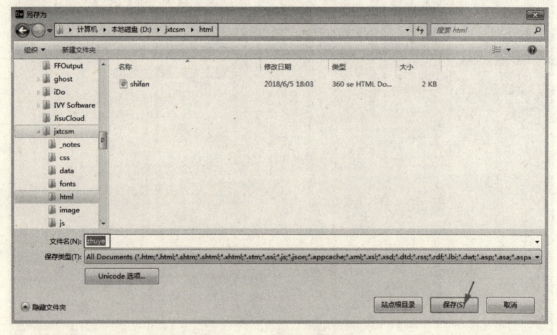

图 4-1-5　"另存为"对话框

　　双击江西特产商贸站点文件夹下保存的页面文档（图 4-1-6），即可打开该文档（图 4-1-7）。

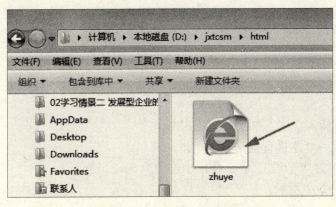

图 4-1-6   "zhuye" 网页图标

图 4-1-7   "zhuye" 网页浏览

 知识要点

网页和主页的区别如下。

1. 网页

网页是使用 HTML 语言编写的超文本文档，设计者可以在网页中添加文本、表格、表单、CSS 样式、锚点、脚本，以及指向其他文档的链接信息，还可以将图像、js 脚本、CSS 样式、Swf 动画、音频和视频等外部文档的内容嵌入到网页中。

2. 主页

主页也称为首页，它是浏览者浏览一个网站的起点。主页应给出站点的基本信息和主要内容，使浏览者对站点的基本主题一目了然，判断站点的信息是否对自己有用。主页在站点所起的作用远比其他页面重要，设计时必须仔细考虑。

学习单元二   页面文本编辑

文本是网页中最常见、最重要的组成元素之一。它占据的存储空间小，下载速度快，却包含了大量的信息，其主导地位是无可替代的。

微课视频：简单网页
的创建与编辑（下）

一、文本的输入

1. 输入普通文本

（1）直接在工作区中进行文字输入。

（2）复制已有的文字。首先需要选中需要复制的文字，使用快捷键 Ctrl+C 复制；切换到 Dreamweaver 文档窗口，在网页上单击需要输入文字的位置，设置插入点；按 Ctrl+V 组合键，或者选择"编辑"→"粘贴"命令进行粘贴。

例如，在页面中输入文字"江西特产香辣豆腐乳，香辣软糯，入口即化。"，最终效果如图 4-2-1 所示。

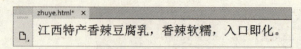

图 4-2-1　输入文本内容

2. 插入空格

在网页的文字输入中，经常需要插入空格，有以下几种方式。

（1）执行"插入"→"HTML"→"不换行空格"命令。

（2）转换中文输入法的"半角"为"全角"，在工作区中连续按 Space 键。

在文本中插入空格，效果如图 4-2-2 所示。

图 4-2-2　插入空格

3. 插入特殊字符

特殊字符，如版权符号、商标符号、英镑符号、左引号、右引号、破折号等，一般不能在键盘上直接输入。

首先单击需要输入特殊字符的位置，设置插入点；执行"插入"→"HTML"→"字符"命令，如图 4-2-3 所示，选择需要的字符；如果没有所需要的字符，则选择最后的"其他字符"选项，弹出如图 4-2-4 所示的"插入其他字符"对话框，可在其中选择需要插入的特殊字符。

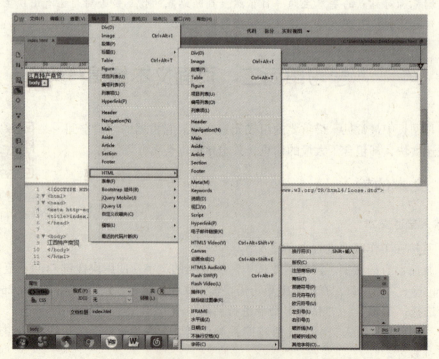

图 4-2-3　插入特殊字符

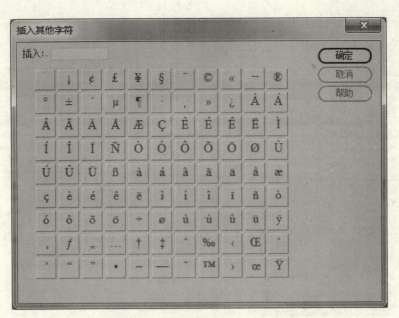

图 4-2-4 "插入其他字符"对话框

在文本中插入破折号，效果如图 4-2-5 所示。

图 4-2-5 插入破折号

二、文本段落和换行设置

1. 段落设置

在 Dreamweaver 设计视图窗口插入文本后，需要将光标定位到需要分段的相关文字后，按 Enter 键进行分段操作。其实质是在"代码视图"中添加了<p></p>标签，如图 4-2-6 所示。

2. 换行设置

如果要实现不分段换行，可以将光标定位到相关文字后按 Shift+Enter 组合键，其实质就是在指定文本后添加
换行标记。

3. 插入文本列表

文本列表有两种，即无序列表和有序列表，也称为项目列表和编号列表。

插入列表的方法：首先要选定插入符号或编

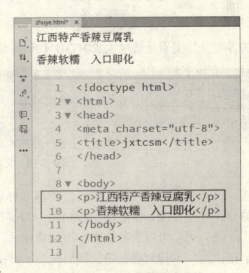

图 4-2-6 段落设置

号的文本，单击"属性"面板中的 ![] 或 ![] 按钮即可，如图 4-2-7 所示。

注意，设置列表时，所有的列表对象必须是段落。

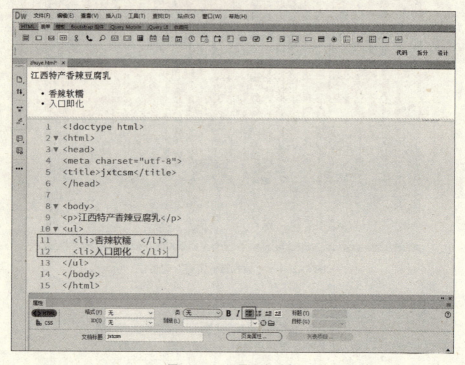

图 4-2-7　设置无序列表

三、文本属性的编辑

要对文本进行设置，首先应将文本选中，然后在"属性"面板中进行设置。默认文本"属性"面板是选中 ![HTML]，如图 4-2-8 所示，它是 Dreamweaver 的可视化设置文本属性的界面，其实质是通过生成 HTML 代码来修改文本属性。

图 4-2-8　文本的 HTML 属性面板

（1）格式：可以为文本设置段落和标题样式。段落就是增加<p></p>标记，而六级标题分别对应 HTML 标记<h1></h1>…<h6></h6>。

（2）类：可以为所选文本添加类样式。当设计了 CSS 类样式后，所有的样式名都会显示在"类"下拉列表框中，供编辑文字类样式使用。

（3）![B] 和 ![I] 按钮：设置文本为粗体和斜体。选中网页中的文字，然后单击 ![B] 和 ![I]

按钮，可将该文字设置为粗体和斜体，相当于添加了 strong 和 em 标签。

（4）██ ██ ██ ██ 按钮：██ ██ 用于设置列表；██ ██ 用于设置段落缩进。要改变段落文字与页面左边界的距离，可以将光标定位在文字区，然后单击 ██ 按钮（文本凸出，每点一次向左移两个单位）或 ██ 按钮（文本缩进，每单击一次向右移两个单位）。

（5）链接：为所选文字创建超链接。

（6）标题：为链接文字设置提示说明，对应 title 属性。浏览时当指针指向链接文字时，会出现该提示。

（7）目标：设置链接网页打开的窗口。

如图 4-2-9 所示为选中 ██ CSS 的效果，该项主要是设置文本显示效果，实质上是修改 CSS 样式的设置。

图 4-2-9　文本的 CSS 属性面板

其主要含义如下。

（1）目标规则：用来设置控制网页文字外观的 CSS 样式属性。

（2）字体："字体"后方有 3 个下拉列表框，分别是默认字体、字体样式和字体粗细。默认字体以字体组合的形式呈现，这样网页在显示时，会按照字体组合中指定的顺序自动寻找用户计算机中安装的字体，尽可能地避免了网页内容不能正常显示的问题。

（3）大小：用于设置文字大小的值和单位。

（4）颜色：单击 ██ 按钮，弹出颜色选择面板，从中可以选择文字的颜色。

（5）对齐方式：██、██、██、██ 4 个按钮分别表示文字在水平方向上的 4 种对齐方式，分别是左对齐、居中对齐、右对齐、两端对齐。

学习单元三　页面图像处理

图像作为网页中的基本元素，其重要程度是不言而喻的。在网页中使用图像，一方面可以传达信息，另一方面也可以使页面变得丰富多彩、更加美观，对用户来说更具有吸引力。

一、插入图像的方法

插入图像之前首先应将光标定位在文档窗口工作区中要插入图片的位置，然后插入图像。Dreamweaver 中插入图像的方法有以下两种。

（1）选择"插入"→"Image"命令，此时会打开"选择图像源文件"对话框，如图 4-3-1 所示，在对话框中选择需要的图像，单击"确定"按钮，图像就会插入到页面中，如图 4-3-2 所示。

图 4-3-1 "选择图像源文件" 对话框

图 4-3-2 插入图像 1

（2）在"文件"面板中找到图片所在的位置，拖动图像的图标至文档工作区即可，如图 4-3-3 所示。

图 4-3-3　插入图像 2

二、图像"属性"面板

图像"属性"面板如图 4-3-4 所示。图像"属性"面板的左上角显示所选图像的缩览图，右边为其字节数，在 ID 中可以设置图像名称，以便脚本语言中对其进行引用。

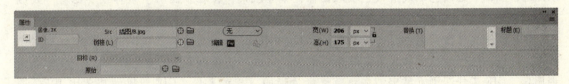

图 4-3-4　图像"属性"面板

（1）src：图像源文件，后面是图像的路径。可以单击源文件后的文件夹图标进行选择，也可以直接在文本框中输入图像的路径。

（2）宽和高：对应属性 width 和 height，用于设置图像的宽度和高度像素。

（3）链接：指定图像链接文件的 URL 地址，"目标"一般与链接一起使用。

（4）标题：对应 title 属性，可以设置鼠标指针放置在图像上的提示文字。

（5）替换：对应 alt 属性，表示如果浏览器无法正常显示图像，在图像的位置会显示替代性说明文字。

（6）原始：低解析度源，设置当前图像的低品质源图像的路径。

（7）"编辑"按钮：可以对图像进行编辑、锐化、裁剪、重设，以及设置图像的亮度和对比度等操作。

三、调整图像的大小

图像插入成功之后，默认状态下按照原图像的大小显示，可以根据网页的布局要求，重新调整其大小、边框、对齐方式等属性。属性面板的"宽"与"高"显示图像的当前宽度和高度，调整图像的大小将重置图像的"宽"与"高"。当改变图像的尺寸时，图像可能会失真或模糊。

 知识要点

一、图像的排列方式

图像在网页中的排列分为两种方式：一种是图像在网页中的对齐方式，此种方式与文本对齐方式一样，选中图像后再单击面板上相应的对齐方式即可。另一种方式是图像与网页中的文字对齐。在 Dreamweaver 中，插入的图像被视为一般字符，因此在插入图像时，图像将夹在两个文字之间，就像是一个放大后的文字一样，与上面一行文字空出相当大的距离。遇到这种情况，可以从图像"属性"面板中的"对齐"下拉列表框中选择适当的排列方式来改变图像与文字的位置。

二、网页图像的格式

网页中经常使用的图像文件格式有 3 种：GIF、JPEG 和 PNG。GIF 和 JPEG 格式是被绝大多数浏览器完全支持的。它们的共同特点是：文件小，便于传输。因此，GIF 和 JPEG 图像文件格式被作为标准的网页图像格式。

1. 图形交换格式（GIF）

GIF（Graphics Interchange Format）格式采用非失真（Losses）的压缩方式。在压缩过程中，不破坏图像的像素信息，破坏的是图像的颜色。GIF 格式最多只能显示 256 种颜色。GIF 适合显示非连续色调或有大色块的图像，如导航条、按钮、图标、徽标或其他有一致颜色和色调的图像。

GIF 图像支持透明颜色，支持动画。此外，GIF 图像还支持隔行扫描格式，即浏览器先按 1、3、5、7、9……行载入图像的粗略概貌，然后继续载入 2、4、6、8、10……行完成全部图像。GIF 文件在浏览器中的显示是逐渐清晰的，相对来说，GIF 图像的质量比 JPEG 图像要差一些。GIF 格式文件的扩展名为 .gif。

2. 联合摄影专家组（JPEG）

JPEG（Joint Photographic Experts Group）采用失真（Lossy）的压缩方式，在压缩过程中，图像的像素信息被破坏，因此图像会失真，但图像的颜色不会失真。JPEG 格式是一种支持真彩色的影像压缩格式，适合显示连续色调的图像或照片，如风景名胜摄影、人物肖像照片等。

JPEG 图像随着压缩质量的不同，其文件大小与下载用时也会不同。质量越高，则文件越大，可根据人的视觉所能接受的程度调节压缩质量，找到图像质量与文件大小之间的最佳平衡点。

与 GIF 格式不同，JPEG 图像既不支持透明颜色属性，也不支持动画。JPEG 文件一般要比 GIF 或 PNG 文件大一些，其扩展名为 .jpg 或 .jpeg。

3. 便携式网络图形（PNG）

PNG（Portable Network Graphics）文件格式支持颜色索引、灰度、真彩色图像和透明 Alpha 通道。PNG 是 Fireworks 的一种本地文件格式，PNG 文件包含了所有的原始层、矢量、颜色和效果信息，而所有这些元素都是可以随时被编辑的。PNG 格式的文件比较大，其扩展名为 .png。

学习单元四　页面链接处理

链接即超链接，是页面与页面之间一个单向的关联。网页中一般以文字或图像作为链接载体，然后指定一个要跳转的网页地址，标签是 <a>…</a>，源于英文 anchor（锚）。通过对文本、图像等设置超链接，可以从一个页面跳转到另一个页面，使得用户的浏览更加方便、更加快捷、更加人性化。

一、文本链接

以文本作为载体的超链接称为文本链接。创建文本链接，首先要选中相关文字。设置文本链接的方法有以下3种：第一种是直接在文本"属性"面板的"链接"项中输入链接的URL地址；第二种是单击文本"属性"面板的"链接"项后面的按钮 🗁，在打开的"选择文件"对话框中选择链接的文件；第三种是打开"文件"面板，用"指向文件"图标 ⊕ 创建链接。

1. 页面超链接

页面超链接就是指向其他网页文件的链接，浏览者单击该链接时可以跳到另一个对应的网页。如果超链接的目标文件在同一站点下，就使用相对 URL；如果超链接的目标文件在其他网站下，就使用绝对 URL。

创建页面超链接的操作步骤为：选中文本，打开如图 4-2-8 所示的"文字"属性面板，单击"链接"后面的按钮 🗁，打开对话框选择链接位置。单击"目标"文本框右边的下拉按钮，常见有以下两种选择，用来指明链接所要打开的文件在哪个浏览器窗口中打开。

（1）_ blank：在新浏览器窗口中打开。

（2）_ parent：在原文件的父框架或窗口中打开，实质上是替代了原网页。

2. E-mail 链接

很多网站都有"和我联系""站长信箱"等文字链接到电子邮件的设置，用于提供网站的联系方式，称为 E-mail 链接。操作方法为：选中文字，直接在"属性"面板中"链接"后面的文本框中输入 E-mail 地址，或者选择"插入"→"HTML"→"电子邮件链接"选项，打开"电子邮件链接"对话框，如图 4-4-1 所示，设置文本文字和电子邮件的地址即可。

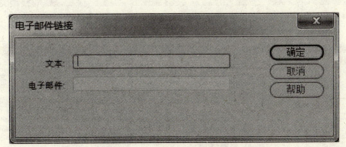

图 4-4-1 设置电子邮件链接

3. 空链接

空链接是未指定链接对象的链接。创建空链接的方法为：首先选中添加空链接的文字，如"江西特产商贸"，然后直接在文本属性面板的"链接"设置中加入一个"#"。其代码如下。

```
<a href="#">江西特产商贸</a>
```

空链接还可用于向页面上的对象或文本附加行为。例如，向空链接附加一个行为，以便在指针划过该链接时会交换图像或显示绝对定位的元素。

```
<a href="javascript：void（0）;">相关文字</a>
```

二、图像链接

图像作为网页中最基本的元素之一，不仅能美化网页，还可以作为链接载体提供页面的跳转，以图像作为载体的超链接称为图像链接。

1. 整体图像超链接

为了实现单击图像跳转收藏店铺页面的效果，需要对江西特产商贸的店招图像设置超链接，创建图像超链接和创建文本超链接的方法基本一致，操作步骤如下。

选中店招图像，然后在如图4-4-2所示的图像"属性"面板的"链接"文本框右侧，单击"浏览文件"按钮，打开"选择文件"对话框，如图4-4-3所示，选择要跳转的文件后单击"确定"按钮即可。

图 4-4-2　为店招添加超链接

图 4-4-3　"选择文件"对话框

店招图像设置超链接后，属性页面就会显示这两个页面的链接关系，如图 4-4-4 所示，单击"店招图像"时就会跳转到"确定收藏店铺"的页面，如图 4-4-5 所示。

图 4-4-4 "属性"面板设置超链接

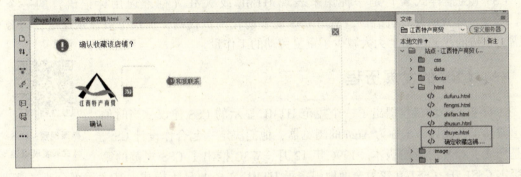

图 4-4-5 "确定收藏店铺"页面

除了以上操作外，也可以在文件"属性"面板，用"指向文件"图标🞅直接拖动到相关文件或图像上创建链接。

2. 创建图像的电子邮件链接

首先选取需要设置电子邮件链接的图像，然后在其"属性"面板的"链接"文本框中输入"mailto:"，在其后输入电子邮件地址，最后按 Ctrl+S 组合键保存网页，按 F12 键预览网页。

 知识要点

超链接利用 URL 联系 Web 上的资源，链接路径就是指所要链接的文件所在的位置，它是设置超链接的关键，一般有绝对路径和相对路径两种。

1. 绝对路径

绝对路径是 Internet 上一个完整的 URL 地址表示，包括所用到的协议（如 HTTP、FTP 等）、主机名（或域名）和包含路径的文件名等各种信息，如 http://www.sina.com/index.html。绝对路径适用于链接站点以外的文件，尤其是网站之间网页的链接，必须使用

绝对路径。

2. 相对路径

相对路径是相对于当前页面（即正在访问的页面）的 URL 地址，是指要链接的文件和本文件之间网站内部的相对位置，适用于站点内文件之间的链接。建立链接之前，应该先将文件保存，这样才能建立正确的路径，否则会自动出现无效的 file：//... 式的路径。

当使用相对 URL 时，如果资源在网站中的同一文件夹下，可以直接指定该资源；如果不在同一文件夹下，可以使用与 DOS 文件目录类似的一个特殊符号：双重句点（..），表示在上一级目录中查找资源，其形式为：../文件路径/文件名。例如，../images/logo. gif 表示资源是在上一级 images 目录中的 logo. gif 文件。

学习单元五 样式表设计

CSS（层叠样式表）是一种用来表现 HTML 或 XML（标准通用标记语言的一个子集）等文件样式的计算机语言，使用 CSS 能够简化网页代码，加快下载显示速度，也减少了需要上传的代码数量，大大减少了重复劳动的工作量。

一、CSS 的发展历程

微课视频：CSS 样式表发展概述

1994 年，哈坤最早提出了一个规范 HTML 显示的 CSS 建议，当时伯特·波斯正在设计一个称为 Argo 的浏览器，他们决定一起合作设计 CSS，于是形成了 CSS 的最初版本。1996 年 12 月，W3C 推出了 CSS 规范的第一版本 CSS1.0。CSS1.0 较为全面地规定了 HTML 文档的显示样式，其大致可分为选择器、样式属性、伪类、对象等几大部分。

1998 年，W3C 发布了 CSS 的第二个版本，这也是目前主流浏览器采用的 CSS2 标准。CSS2 添加了对媒介（打印机和听觉设备）和下载字体的支持。CSS2 规范是基于 CSS1 设计的，其包含了 CSS1 所有的功能，并新增了属性，如浮动和定位、高级选择器（子选择器、相邻选择器、通用选择器）等。

早在 2001 年 5 月，W3C 就着手开始准备开发 CSS 第三版规范。CSS3 规范的特点是规范被分为若干个相互独立的模块，一方面，分成若干较小的模块有利于规范及时更新和发布，及时调整模块的内容；另一方面，由于受支持设备和浏览器厂商的限制，设备或厂商可以有选择地支持一部分模块，支持 CSS3 的一个子集，这样将有利于 CSS3 的推广。至今仍然没有任何一款浏览器可以百分之百地支持 CSS3 样式，不过在 Chrome、Firefox 等浏览器中，CSS3 的绝大多数属性都可以得到比较好的支持。

二、CSS 样式表的类型

根据 CSS 样式嵌入位置的不同，CSS 样式表可分为内联式样式表、嵌入式样式表和外部样式表 3 种类型。

1. 内联式样式表

内联式样式表是指使用 style 关键字把指定的样式定义嵌入到指定的 HTML 标签中，该种样式定义主要用于对指定的 HTML 标签做具体的调整，其作用范围仅限于当前标签。

2. 嵌入式样式表

嵌入式样式表是指使用<style>…</style>标签将样式集中定义到网页的头部，当前网页内所有的 HTML 标签均可引用定义的样式名称，其作用范围仅限于当前网页文档。

3. 外部样式表

内联式样式表和嵌入式样式表均是将 CSS 样式定义在 Web 文档中，而外部样式表则将指定的 CSS 样式定义单独保存在一个以"＊.css"为扩展名的外部文件中。当指定的样式定义将被应用到多个 Web 文档时，一个外部样式表是最理想的。

三、CSS 的基本操作

1. CSS 样式的基本写法

CSS 样式定义由选择符和属性两部分构成，其基本语法如下。

> CSS 选择符 {属性1：属性值1；属性2：属性值2；属性3：属性值3；……}

（1）在 head 标签内的实现。

CSS 样式表一般位于 HTML 文件的头部，即<head>与</head>标记内，并且以<style>开始，以</style>结束。其中，<style>与</style>之间是样式的内容。

（2）在 body 标签内的实现。

在 body 中实现，主要是在标记中引用如下代码。

> <font color＝#FF0000" style＝" font-size：12px" >内容</font>

这样虽然直观，但是无法体现出层叠样式表的优势，因此并不推荐使用。

（3）在文件外的调用。

CSS 的定义既可以在 HTML 文档内部实现，也可以独立建立 CSS 文件，通过在 HTML 中写入调用代码来实现。如下代码的作用为调用文件名为 css 的外部样式表。

> <link href＝" style/css.css" rel＝" stylesheet" type＝" text/css" />

2. 创建 CSS 样式

如图 4-5-1 所示，选择"文件"→"新建"选项，出现如图 4-5-2 所示的对话框，选择文档类型，最后单击"创建"按钮即可，完成效果如图 4-5-3 所示。

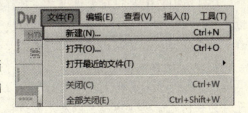

图 4-5-1 选择"新建"

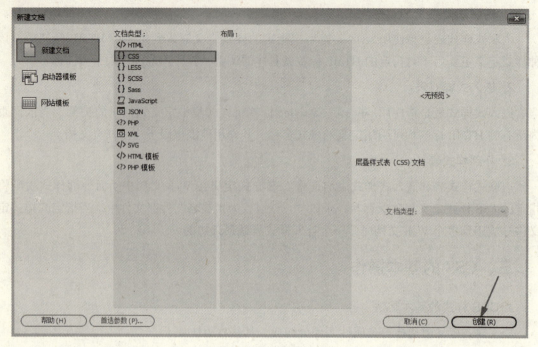

图 4-5-2　选择文档类型

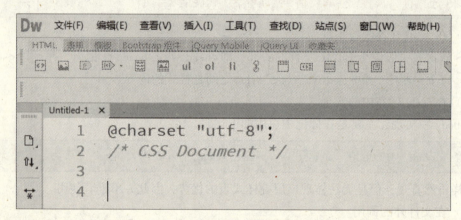

图 4-5-3　完成效果

 知识要点

　　CSS 为 HTML 标记语言提供了一种样式描述，定义了其中元素的显示方式。CSS 在 Web 设计领域是一个突破，利用它可以通过修改一个小的样式来更新与之相关的所有页面元素。总体来说，CSS 具有以下特点。

动画视频：CSS
的特点

　　1. 丰富的样式定义

　　CSS 提供了丰富的文档样式外观，以及设置文本和背景属性的能力；允许为任何元素创建边框，以及元素边框与其他元素间的距离，元素边框与元素内容间的距离；允许随意改变文本的大小写方式、修饰方式及其他页面效果。

2. 易于使用和修改

CSS 可以将样式定义在 HTML 元素的 style 属性中，也可以将其定义在 HTML 文档的 <head></head> 头部，还可以将样式声明存放在一个专门的 CSS 文件中，以供 HTML 页面引用。总之，CSS 样式表可以将所有的样式声明统一存放，进行统一管理。

另外，可以将相同样式的元素进行归类，使用同一个样式进行定义；可以将某个样式应用到所有同名的 HTML 标签中；也可以将一个 CSS 样式指定到某个页面元素中。如果要修改样式，只需要在样式列表中找到相应的样式声明进行修改。

3. 多页面应用

CSS 样式表可以单独存放在一个 CSS 文件中，这样就可以在多个页面中使用同一个 CSS 样式表。CSS 样式表理论上不属于任何页面文件，在任何页面文件中都可以将其引用，这样就可以实现多个页面风格的统一。

4. 层叠

简单地说，层叠就是对一个元素多次设置同一个样式，这将使用最后一次设置的属性值。例如，对一个站点中的多个页面使用了同一套 CSS 样式表，而某些页面中的某些元素想使用其他样式，就可以针对这些样式，单独定义一个样式表应用到页面中。这些后来定义的样式将对前面的样式设置进行重写，在浏览器中看到的将是最后设置的样式效果。

5. 页面压缩

在使用 HTML 定义页面效果的网站中，往往需要大量或重复的表格和元素形成各种规格的文字样式，这样做的后果就是会产生大量的 HTML 标签，从而使页面文件的大小增加。而将样式的声明单独放到 CSS 样式表中，可以减小页面的体积，这样加载页面时的时间也会减少。

学习单元六　表格设计

表格是一种常用的组织和处理数据的形式，它用行和列组成的格子来显示信息，简单明了，容易被人接受。在日常生活中人们会遇到各种各样的表格，如登记表、通讯录及时间表等。同样，表格在网页中也有着极其重要的作用。有些信息并不适合使用单纯的文本或图像来表达，如果用表格来表达此类信息，效果会更好。表格为网页设计者提供了向网页添加垂直与水平结构的方法。例如，使用表格安排表格数据、在网页上布局文本与图像等。

微课视频：Dreamweaver 表格操作

一、创建表格

在页面中创建表格，执行"插入"→"Table"命令，如图 4-6-1 所示，在弹出的表格对话框中设置表格，单击"确定"按钮，此时表格就会插入到页面中。

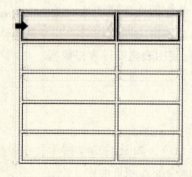

图 4-6-1　插入表格

二、表格设置

1. 选择行、列、整个表格

将鼠标指针移到任意一行的左边框上，或者一列的顶端边框上，当出现黑色箭头时单击即可选中一行或一列，如图 4-6-2 所示为选中一行。如果要选中整个表格，那么单击表格的左上角或右边框或底边框即可。

2. 修改表格的属性

当把鼠标指针置于表格的某个单元格内时，可以修改该单元格的属性，如把第一行底色调整为绿色，如图 4-6-3 所示。

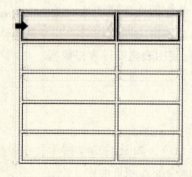

图 4-6-2　选中一行

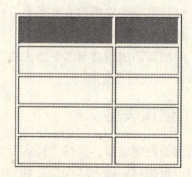

图 4-6-3　第一行调整为绿色

3. 合并、拆分单元格

选中要合并的单元格并右击，在出现的快捷菜单中选择"表格"→"合并单元格"选项即可，如图4-6-4所示，最终效果如图4-6-5所示。拆分单元格的步骤同上。

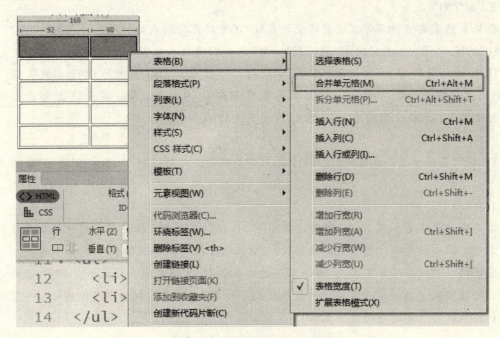

图4-6-4　合并单元格对话框

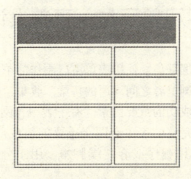

图4-6-5　合并单元格

4. 添加内容

将光标定位在指定的单元格内，输入文字，插入图片均可。如图4-6-6所示，在表格中添加产品参数。

 知识要点

表格的基本构成。

在 HTML 中创建一个普通的表格应该包括以下标记符。

产品参数	
食品名称	豆腐乳
保质期	6个月
净含量	120g
储存方式	干燥处

图4-6-6　添加内容

1. TABLE

TABLE 标记符用于定义整个表格，表格内的所有内容都应该位于<TABLE>和</TABLE>之间。

2. CAPTION

如果表格需要标题，那么就应该使用 CAPTION 标记符将表格标题包括在<CAPTION>和</CAPTION>之间。如果使用了 CAPTION 标记符，它应该直接位于<TABLE>之后。可以用 CAPTION 标记符的 align 属性控制表格标题的显示位置，align 属性可以有 4 种取值：top（标题放在表格上部）、bottom（标题放在表格下部）、left（标题放在表格上部的左侧）、right（标题放在表格上部的右侧），默认情况下使用 top。

3. TR

TR 标记符用于定义表格的行，对于每一个表格行，都对应一个 TR 标记符。TR 结束标记符可以省略。

4. TD 和 TH

在表格行中的每个单元格，都对应于一个 TD 标记符或 TH 标记符，用于标记表格的内容，其中可以包括文字、图像或其他对象。TD 与 TH 的功能和用法几乎完全相同（可以任意混合使用，但效果略有不同），唯一不同之处在于 TD 表示普通表格数据，而 TH 表示表格的行列标题数据（也就是通常所说的表头）。TD 和 TH 的结束标记符都可以省略，并且可以不包括任何内容（此时即为空单元格）。

学习单元七　表单设计

表单在网页中的作用是数据采集，使用表单可以制作简单的交互式页面，收集来自用户的信息，表单是网站管理者与浏览者之间沟通的桥梁。收集、分析用户的反馈意见，做出科学、合理的决策，是一个网站成功的重要因素。有了表单，网站不仅是"信息提供者"，同时也是"信息收集者"。一个完整的表单有两个重要的组成部分，一是页面中进行描述的 HTML 代码，二是服务器的应用程序或客户端脚本，用于分析处理用户在表单中输入的信息。

一、表单的处理流程

当访问者在 Web 表单中输入信息，然后单击"提交"按钮时，这些信息将被发送到服务器，服务器中的服务器端脚本或应用程序会对这些信息进行处理。服务器向用户（或客户端）发回所处理的信息或基于该表单内容执行某些其他操作，以此进行响应，如图 4-7-1 所示。

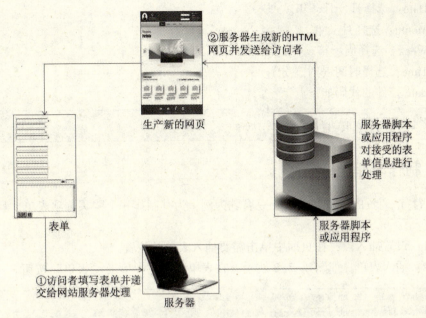

图 4-7-1　表单的处理流程

二、HTML5 表单新元素

HTML5 新增多个 input 类型表单输入控件，这些新特性提供了更好的输入控制和验证。新的输入类型有：email、url、number、range、Date pickers（date，month，week，time，datetime，datetime-local）、search、color、telephone，这些控件的显示方式只有在 IE9 以上浏览器才能实现。下面介绍几种常用的功能。

1. 数值输入控件

HTML5 之前的版本，无法区分文本框和数值框，开发人员常常使用 JavaScript 脚本语言来实现。HTML5 的 input 元素中 type 的 number、range 属性值改变了这种情况。

在 input 控件中，将 type 属性的值设置为 number，可以简单地定义一个数字框，还可以简单地对其他特性进行定制。例如：

```
Number：<input name=" numl" type=" number" max=" 10" min=" 0" step=" 2" />
```

上面代码中，min 属性定义了最小值的取值，max 属性定义了最大值的取值，step 属性定义了上一个数字与下一个数字的间隔值。

在 input 控件中，将 type 属性的值设置为 range，可以定义一个数字滑块，其他用法和 number 类似。

```
Range：1<input name=" range1" type=" range" max=" 100" min=" 0" step=" 2" />100
```

2. 日期和时间控件

HTML5 拥有多个供选择日期和时间的新输入类型：

（1）Date：选择日、月、年。

（2）Month：选择月、年。

（3）Week：选择周、年。

（4）Time：选择时间（时、分）。

日期 date 控件的代码如下。

您的生日：<input type=" date" name=" birth" />

三、制作表单

以江西特产商贸的一个商品——豆腐乳为例，为其制作一个购买选项表单，具体操作步骤如下。

步骤 1：设置插入点，在页面中单击需要插入表单的位置。

步骤 2：插入表单。如图 4-7-2 所示，在表单工具栏中单击"表单"按钮。

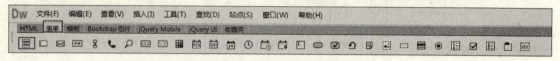

图 4-7-2　表单工具栏

步骤 3：首先需要设置豆腐乳的口味选项，单击"单选按钮组"按钮▦，出现如图 4-7-3 所示的对话框，输入内容后单击"确定"按钮，效果如图 4-7-4 所示。

图 4-7-3　设置单选按钮内容

口味：● 香辣味　● 五香味

图 4-7-4　效果

步骤4：设置商品购买数量。首先单击"选择"按钮 ▤ ，插入"选择"按钮，并在按钮前输入"数量"，如图4-7-5所示。单击按钮旁边的下拉按钮，在"属性"面板中单击"列表值"按钮，出现如图4-7-6所示的对话框，设置数量值。

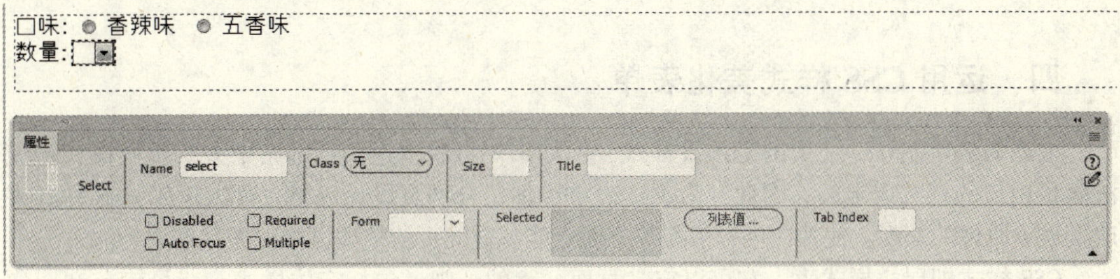

图 4-7-5 "属性"面板

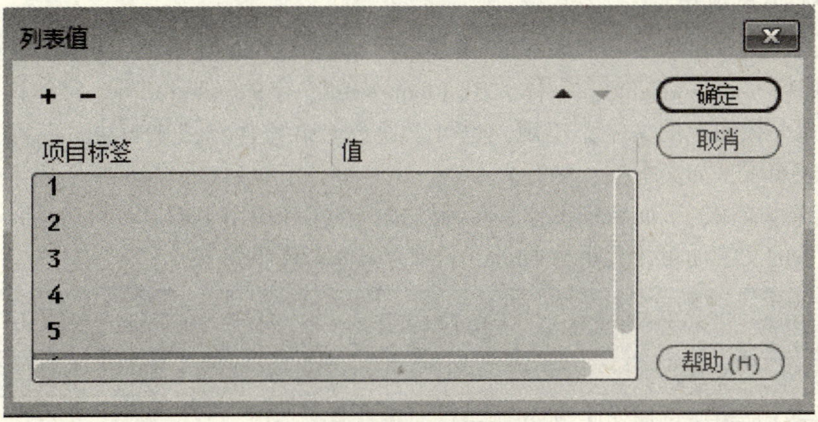

图 4-7-6 设置数量值

步骤5：设置"立即购买"和"加入购物车"。如图4-7-7所示，单击按钮或"提交"按钮，在属性栏中编辑对应的名称，最终效果如图4-7-8所示。

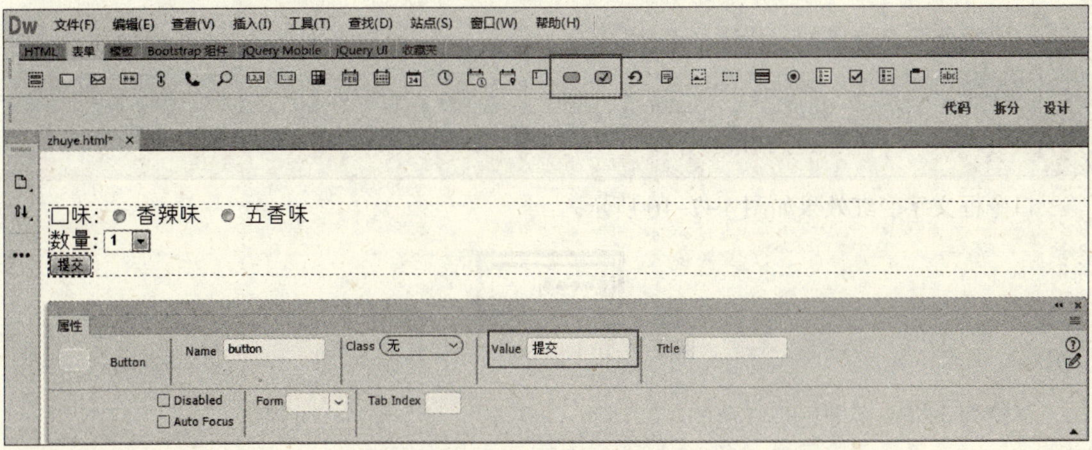

图 4-7-7 设置"按钮"内容

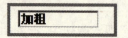

图 4-7-8　效果

四、运用 CSS 样式美化表单

上述的表单制作，使用的是预设样式，但如果要将表单运用到网站中去，预设样式是无法满足用户的视觉需求的。因此，为了让表单更加符合网页设计风格，可以运用 CSS 样式来改变表单原件的外观，使其在色彩搭配等方面更能契合网页的整体风格，满足用户的需求。

CSS 样式即层叠样式表，它可以定义页面元素的外观，包括字体样式、背景颜色和图像样式、边框样式、补白样式、边界样式等，通过这些定义来美化表单外观。

1. 字体样式的应用

字体样式包括：字体族科（font-family）、字体风格（font-style）、字体变形（font-variant）、字体加粗（font-weight）、字体大小（font-size）、字体（font）等。字体样式不单对文本有效，如果是按钮上的文字不美观，也可以通过 CSS 字体样式来解决。同样，其他几个涉及文字的表单项，如文本框、多行文本框、口令框、下拉列表框都可以应用字体样式。为了充分展示这些应用，下面特别设计了几种样式，在实际应用中可以灵活运用。

文本框中的文字加粗，大小为 12pt，字体为宋体，代码如下。

```
<input type = " text" name = " formExam" size = " 10" maxlength = " 10" style = "
font-family：宋体；font-size：12px；font-weight：bold" value = " 加粗" >
```

文本框字体加粗效果如图 4-7-9 所示。

图 4-7-9　文本框字体加粗

口令框文字是红色的，代码如下。

```
<input type = " password" name = " formExam3" style = " font - size：9pt；color：#
FF0000" size = " 8" maxlength = " 8" >
```

口令框文字变红效果如图 4-7-10 所示。

图 4-7-10　口令框文字变红

下拉列表框文字颜色是红色的，字体为 Verdana，大小为 9pt，代码如下。

```
<select name=" select"    size=" 1" style=" font-family：Verdana，Arial；
font-size：9pt；color：#FF0000" >
<option value=" 2" selected>jianzhan8.cn</option>
<option value=" 1" >freeinfo.jianzhan8.cn</option>
</select>
```

下拉列表框文字变红效果如图4-7-11所示。

图4-7-11　下拉列表框文字变红

多行文本框的字体是Verdana，有下划线，大小为9pt，代码如下。

```
<textarea name=" formExam2" cols=" 30" rows=" 3"
 style =" font - family：Verdana，Arial；font - size：9pt；color：# 000099；text -
decoration：underline"    align=right>underline css style
 </textarea >
```

多行文本框下划线效果如图4-7-12所示。

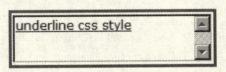

图4-7-12　多行文本框下画线

按钮的文字美化。例如，按钮使用了9pt的宋体文字，所以比较美观，设置文字样式按钮的代码如下。

```
<input type =" submit" name =" Submit" value =" 发送1" style =" font-family：宋
体；font-size：9pt；" >
```

按钮文字美化效果如图4-7-13所示。

图4-7-13　按钮文字美化

2. 背景颜色和图像样式的应用

文本框背景是黑色的，字体是白色的，代码如下。

```
<input type=" text" name=" RedFld" size=" 10" maxlength=" 10"
style=" color: #FFFFFF; background-color: #000000" >
```

黑底白字效果如图 4-7-14 所示。

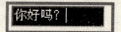

图 4-7-14　黑底白字效果

口令框背景是灰色的，代码如下。

```
<input type=" password" name=" RedFld3" size=" 10" maxlength=" 10" style ="
background-color: #999999" >
```

口令框灰色背景效果如图 4-7-15 所示。

图 4-7-15　灰色背景效果

单选按钮和复选框的背景是红色的，代码如下。

```
<input type=" checkbox" name=" checkbox" value=" checkbox"
style=" background-color: #FF0000" >
<input type=" radio" name=" radiobutton" value=" radiobutton"
style=" background-color: #FF0000" >
```

按钮背景设置效果如图 4-7-16 所示。

图 4-7-16　按钮背景设置

下拉列表框的选项是丰富多彩的背景，代码如下。

```
<select name=" select2" size=" 1" >
<option selected style=" background-color: #FF0000" >哈哈</option>
<option style=" background-color: #0000CC" >呵呵</optio>
<option style=" background-color: #009900" >嘻嘻</option>
<option style=" background-color: #ff33cc" >哇哇</option>
<option style=" background-color: #999999" >呜呜</option>
</select>
```

下拉列表框多彩背景效果如图4-7-17所示。

图4-7-17　多彩背景效果

多行文本框的背景是图像，代码如下。

```
<textarea name=" RedFld2"     cols=" 25" rows=" 3"     wrap=" VIRTUAL"
style=" background-image：url（所在文件夹名/文件夹名/图片名）" >
</textarea>
```

多行文本框图片背景效果如图4-7-18所示。

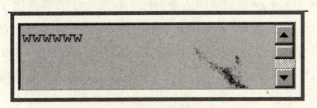

图4-7-18　图片背景

按钮的背景设置，背景色是黄色的，代码如下。

```
< input  type = " submit"     name = " Submit3"     value = " Submit1" style = "
background-color：#FF9900" >
```

按钮背景颜色设置效果如图4-7-19所示。

图4-7-19　按钮背景颜色设置

按钮的背景是图像，代码如下。

```
<input type=" submit" name=" Submit22"     value=" Submit2"
style=" background-image：url（所在文件夹名/文件夹名/图片名）" >
```

图片按钮背景效果如图4-7-20所示。

图4-7-20　图片按钮背景

3. 边框样式的应用

文本框有 8 种类型边框样式，即 border-style，同时边框宽度的设置有一个规律，即

> border-width：［thin ｜ medium ｜ thick ｜ <长度> ］｛1，4｝

边框宽度用 1~4 个值来设置元素的边框宽度，它们分别被应用于上、右、下和左边框宽度。如果只给出 1 个值，它被应用于所有边框宽度。如果给出了两三个值，省略了的值与对边相等，其如下。

> <input type=" text" name=" RedF" style=" border-color：#006600；
> border-style：dotted；border-width：1px" >

边框颜色的设置有一个规律，即

> border-colr：<颜色> ｛1，4｝

边框颜色用 1~4 个值来设置元素的边框颜色。如果 4 个值都给出了，它们分别被应用于上、右、下和左边框颜色。如果只给出一个值，它被应用于所有边框颜色。如果给出了两三个值，省略了的值与对边相等。对于多行文本框及按钮，设置边框的方法和文本框一样。

单选按钮和复选框的边框，设置的效果不十分协调，所以建议不要对它们进行设置。

边框类型的外观如下。

> none：无边框。与任何指定的 border-width 值无关。
>
> dotted：点线。
>
> dashed：虚线。
>
> solid：实线边框。
>
> double：双线边框。两条单线与其间隔的和等于指定的 border-width 值。
>
> groove：3D 凹槽。
>
> ridge：边框突起。
>
> inset：3D 凹边。
>
> outset：3D 凸边。

下面需要运用 CSS 样式对如图 4-7-8 所示的表单进行整体美化，包括对其字体、按钮等做美化，代码如图 4-7-21 所示。

```
20    <br>
21    <label for="select">数量:</label>
22 ▼  <select name="select" id="select">
23      <option>1</option>
24      <option>2</option>
25      <option>3</option>
26      <option>4</option>
27      <option>5</option>
28      <option>6</option>
29    </select>
30    <br>
31 ▼  <style>
32 ▼      .btn{
33          background-color: #ff0036;border:1px solid #ff0036;padding: 10px 18px;border-radius: 10px;color: #fff;
34          }
35 ▼      .btn-skin{
36
37             background-color: #ffeded;
38      border: 1px solid #FF0036;
39      color: #FF0036;
40          }
41    </style>
42    <input type="button" name="button" id="button" value="立即购买"  class="btn">
43    <input type="button" name="button2" id="button2" value="加入购物车"  class="btn btn-skin">
44    <br>
45      </p>
46    </form>
47    <p> </p>
48    <p> </p>
49    </body>
50    </html>
```

图 4-7-21　美化表单的代码

通过样式美化后，再对表单进行预览，效果如图 4-7-22 所示。

图 4-7-22　CSS 样式美化表单

知识要点

一、表单的设计技巧

表单主要是负责数据采集的功能，需要访问者自己去填写，如访问者的姓名、性别、地址、邮箱、留言建议、设置密码、个人账户管理等。时下表单无处不在，成功的表单设计不仅能提高用户的满意度，还能收集更加精确的数据，相反失败的表单设计只会收集到错误杂乱的信息，最终可能会导致潜在用户的流失。

1. 组织表单的内容，给用户一个友好的引导

首先要明确地告知用户：填写的是一个什么性质的表单？填完后能做些什么？组织表单的内容时，需要注意，哪些问题是一定要问的？有没有别的途径可以获取用户的资料？表单的布局分为 3 种类型：纵向排列、逐步填写（多页显示）和左右布局。

根据 Web 惯例调查，卸载软件的界面常见组织结构为纵向排列样式。一般顶部为明确填写表单的目的，再呈现表单的具体问题。在卸载类型的表单中，内容一定要精简，减少用户输入，尽量提供选择题，少问答题，没有必填项。一般用户是不喜欢填写表单的，尤其是当用户卸载软件后也没有太多的耐心来填写表单。

在一定情况下，很多问题需要按顺序回答，理解并组织好每个表单的情境能得到最佳答案，如果把表单用对话的形式展现，主题之间自然会出现间断，所以就需要多个网页把对话变成若干个有意义并容易理解的主题。把表单当成是与特定的人在对话，而不是与一堆数据输入框对话，每个表单都用不同的情境问题与用户进行交流，这样实际回答率会更高。当表单想要搜集更多答案时，可以考虑在表单填完之后提出一些可选的问题，辅助获得更多的答案。表单的标签使用术语需要统一、简洁，这样的标签更容易解释清楚。

2. 填写表单的反馈，给用户贴心的引导

为了提高表单的完成率和准确率，设计师会试图避免各种各样的分散因素，并且提供一个清晰明确、简单的 Web 表单。运用视觉手段去解决会出现的错误，减少用户的误解。当遇到用户提交数据有错误信息时怎么办？首先要让用户知道发生了错误，错在哪里及如何纠正。当用户提交错误信息或发生错误操作时，在其错误之处会有醒目的红色视觉元素作为指导，解决用户找不到错误在哪里的问题。当出现注册用户名相同时，会用提示框的样式提示，告知用户该地址是以什么样的结构形式被人注册过。当用户想命名同样前置的用户名时，会提供后缀该如何添加的建议性帮助。输入成功后提示会消失，输入错误或输入不符合标准都会有相应的文字反馈，告知用户发生错误的原因，提示用户及时修改，避免出现填写完所有的信息后提交失败重填的情况。

3. 创意表单的样式，给用户轻松愉悦的感受

输入框和标签的样式是需要根据整体界面风格去定义的，通过不同创意类型的展示，可以获得更多的浏览者，所以设计出一个好的创意来优化表单是一件很重要的事。而表单的创意表现形式来源于整体网站的风格特色，需要与网站主视觉相呼应，浏览起来才不会觉得突兀，反而觉得整体联系性强。

二、表单对象

通常一个表单是由表单域和表单对象构成的，在制作表单网页之前，首先要创建表单域，表单对象必须添加到表单域中才能正常运行。在 Dreamweaver 中，表单输入类型称为表单对象。表单对象是允许用户输入数据的机制，可以在表单中添加以下表单对象。

1. 文本域

文本域接受任何类型的字母、数字、文本输入内容。文本可以单行或多行显示，也可以以密码域的方式显示，在这种情况下，输入文本将被替换为星号或项目符号，以避免旁观者看到这些文本。

2. 隐藏域

隐藏域存储用户输入的信息，如姓名、电子邮件地址或偏爱的查看方式等，并在该用户下次访问此站点时使用这些数据。

3. 按钮

按钮在被单击时执行操作。可以为按钮添加自定义名称或标签，或者使用预定义的"提交"或"充值"标签。使用按钮可将表单数据提交至服务器，或者重置表单，还可以指定其他已在脚本中定义的处理任务。

4. 复选框

复选框允许在一组选项中选择多个选项，用户可以选择任意多个适用的选项。

5. 单选按钮

单选按钮代表互相排斥的选项。在某单选按钮组（由两个或多个共享同一名称的按钮

组成）中选中一个按钮，就会取消选中该组中的所有其他按钮。

6. 列表菜单

列表菜单在一个滚动列表中显示选项值，用户可以从该滚动列表中选择多个选项。"列表"选项在一个菜单中显示选项值，用户只能从中选择单个选项。在下列情况中使用菜单：只有有限的空间但必须显示多个内容项，或者要控制返回给服务器的值。菜单与文本域不同，在文本域中用户可以随心所欲输入任何信息，甚至包括无效的数据，对于菜单而言，可以具体设置某个菜单返回的确切值。

7. 跳转菜单

跳转菜单是可导航的列表或弹出菜单，使用它可以插入一个菜单，其中的每个选项都连接到某个文档或文件中。

8. 文件域

文件域使用户可以浏览到其计算机上的某个文件并将该文件作为表单数据上传。

9. 图像域

图像域在表单中插入一个图像。使用图像域可生成图形化按钮，如"提交"或"重置"按钮。如果使用图像来执行任务而不是提交数据，则需要将某种行为附加到表单对象。

 模块小结

本模块主要围绕 Dreamweaver 页面编辑展开，介绍了最基础的页面创建与保存，讲解了页面文本编辑、页面图像处理和页面链接处理的知识点和操作，并对页面编辑中的样式表、表格和表单的制作方法进行了描述。

本模块通过知识点与实际操作的结合，让学生形象地理解电子商务网页设计与制作中网页编辑的主要内容，同时让学生初步掌握 Dreamweaver 页面编辑的基本知识及技能。

模块实训

一、实训概述

本实训为 Dreamweaver 页面编辑实训，教师提供实训素材，引导学生根据实训要求在 Dreamweaver 中完成页面的创建与保存、页面文本编辑、页面图像处理、页面链接处理、表格设计、表单设计等，并完成实训报告。

二、实训流程图

实训流程图如图 4-8-1 所示。

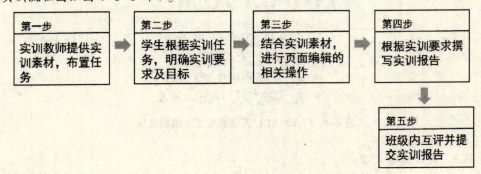

图 4-8-1　实训流程图

三、实训素材

（1）安装 Dreamweaver CC 2017 的计算机若干，并连网。

（2）站点文件夹。

四、实训内容

步骤 1：页面的创建与保存。

打开 Dreamweaver CC 2017 软件，使用教师提供的站点文件夹"tianmao"新建站点，将站点名称设置为"天猫 618 活动页面"；创建"TMALL 天猫"页面，如图 4-8-2 所示；并保存该页面至天猫 618 活动页面站点中 html 文件夹内，该页面命名为"TMALL 天猫"，如图 4-8-3 所示。

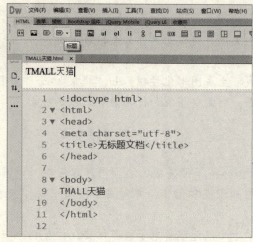

图 4-8-2　TMALL 天猫页面

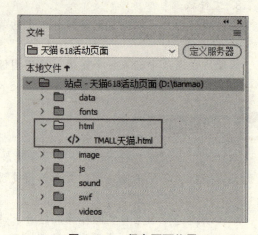

图 4-8-3　保存页面位置

步骤 2：页面文本编辑。

在 TMALL 天猫页面中输入文本"618 理想生活狂欢节 大家电大牌盛宴 最高满 8000 减 1200 抢购时间：6.6 — 6.8"。

在属性栏中设置文字"TMALL 天猫"的格式为标题 1，字体加粗，在 CSS 中设置字体为微软雅黑，颜色为红色，并对输入的文本内容进行段落和换行设置。在属性栏设置文本为斜体，并对文本进行列表设置，完成效果如图 4-8-4 所示。

TMALL天猫

- *618理想生活狂欢节*
- *大家电大牌盛宴*
- *最高满8000减1200*
- *抢购时间：6.6—6.8*

图 4-8-4　TMALL 天猫页面文本编辑效果

步骤 3：页面图像处理。

在文本下面插入 image 文件夹中的"电器海报"图像，选中该图像，在属性中对图像进行裁剪，并调整图像的大小，完成效果如图 4-8-5 所示。

TMALL天猫

- *618理想生活狂欢节*
- *大家电大牌盛宴*
- *最高满8000减1200*
- *抢购时间：6.6—6.8*

图 4-8-5 插入图像

步骤 4：表格设计。

在页面插入表格，选择 2 行 2 列。第一行合并单元格，输入文字"618 主会场"，第二行填充背景色为黄色，输入文字"爆款区、新款区"，表格中的文字居中，完成效果如图 4-8-6 所示。

618主会场	
爆款区	新款区

图 4-8-6 插入表格

对"爆款区"文字进行超链接设置，使该文字链接到爆款区页面中，完成效果如图 4-8-7 所示。

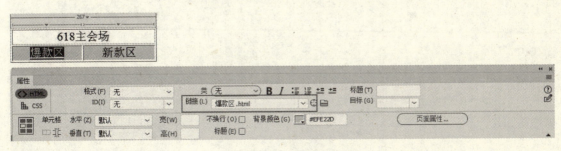

图 4-8-7 设置超链接

步骤5：表单设计。

在页面中插入表单。第一行输入文字"收货地址"；第二行插入表单下的"选项"三次，分别为省、市、区/县，在属性栏中编辑列表值：省、市、区/县的选项；第三行插入表单下的"文本"，修改前面文字为"小区/村"；第四行插入表单下的"文本"，修改前面文字为"姓名"；第五行插入表单下的"Tel"，修改前面文字为"电话"；第六行插入表单下的"提交"按钮，完成效果如图4-8-8所示。

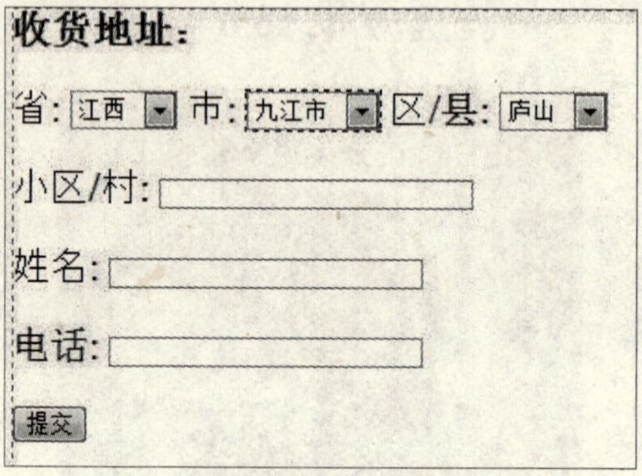

收货地址：

省: 江西 ▼ 市: 九江市 ▼ 区/县: 庐山 ▼

小区/村:

姓名:

电话:

提交

图4-8-8 表单设计

五、实训报告

根据要求完成实训报告，然后提交给教师。

模块五 Dreamweaver 行为应用

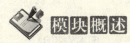 **模块概述**

    JavaScript 技术和 Dreamweaver 行为应用在整个网页设计中占据着重要位置，前者使网页更好地体现与浏览者的交互性，后者则能使网页中的元素（图片、文字、多媒体等）更具表现力。通过本模块的学习，学生不仅能了解客户端脚本语言、JavaScript 的工作原理、JavaScript 常见的对象等相关知识，还能掌握 JavaScript 数据类型、Dreamweaver 行为中的事件、Dreamweaver 行为创建、修改及更新的方法，进而能够根据所学内容完成 JavaScript 脚本编写和 Dreamweaver 行为的应用。

 **学习目标**

☞ **知识目标**

1. 了解什么是客户端脚本语言。
2. 了解什么是浏览器对象模型 BOM。
3. 掌握 JavaScript 的工作原理。
4. 了解 JavaScript 语言的特点。
5. 了解 JavaScript 与 Java 之间的区别。
6. 了解 JavaScript 常见的对象。
7. 掌握 JavaScript 数据类型。
8. 掌握 Dreamweaver 行为中的事件。
9. 掌握 Dreamweaver 行为创建、修改及更新的方法。

☞ **能力目标**

1. 掌握 JavaScript 代码嵌入 HTML 文件的方法。
2. 能够熟练操作 window 对象。
3. 能够使用 JavaScript 脚本操作 CSS 样式。
4. 能够熟练运用 Dreamweaver 中常见行为的设定，如调用 JavaScript、交换图像、弹出信息、打开浏览器窗口、转到 URL 等。

学习单元一　JavaScript 技术基础

一、JavaScript 脚本技术

JavaScript 是目前 Web 应用程序开发者使用最为广泛的客户端脚本程序语言，它不仅可用来开发交互式的 Web 页面，更重要的是它将 HTML，XML，Ajax，Java Applet 和 Flash 等功能强大的 Web 对象有机结合起来，使开发人员能快速生成 Internet 或 Intranet 上使用的分布式应用程序。另外，由于 Windows 操作系统对其拥有较为完善的支持，并提供二次开发的接口来访问操作系统中的各个组件，进而实施相应的管理功能，大有取代批处理文件（.bat）实施操作系统管理功能的趋势。

微课视频：**javascript** 脚本概述

（一）JavaScript 的工作原理

JavaScript 编程可以完成诸如构造动画、动态菜单等使页面更加生动、活泼的任务，还可以对客户机文件系统、注册表等进行操作，如对文件夹、文件的建立、复制、删除，修改注册表，锁定注册表，锁定浏览器，等等。有许多随着网页打开而运行的病毒就是含在网页中的 JavaScript 程序在作怪。由此可见，JavaScript 是控制客户机的精灵。

在 B/S 程序（Browser/Server 程序的缩写，操作及输入界面由浏览器端的网页完成，业务和数据处理由服务器端完成）中，为了均衡负载，减轻服务器的计算负担，凡是不需要服务器程序做的工作，可尽量交给客户端程序（如 JavaScript 程序）去做。用 HTML 标记构造出用户界面，用户通过界面输入数据，向浏览器请求数据等操作。在用户输入数据完毕，将数据向服务器提交时，对数据的检验等任务完全可交给 JavaScript 程序来完成。下面主要介绍此类任务的 JavaScript 编程技术。

JavaScript 的工作原理，就是以基于对象和一些面向对象的特征。

（1）JavaScript 通过控制客户机上各种对象的方式，控制客户机，对客户机进行操作。

（2）根据用户或系统事件做出相应的响应。

（二）JavaScript 程序

JavaScript 是轻量级的编程语言，可插入 HTML 页面，由所有的现代浏览器执行。简而言之：JavaScript 与 HTML、CSS 一起工作。具体关系为：HTML 定义网页的内容；CSS 描述网页的布局；JavaScript 关乎网页的行为。

1. JavaScript 编程语言的基本原则

（1）HTML 中的脚本必须位于 <script> 与 </script> 标签之间。

（2）脚本可被放置在 HTML 页面的 <body> 和 <head> 部分中。

2. JavaScript 代码嵌入 HTML 文件的方法

将 JavaScript 代码嵌入 HTML 文件的方法有以下两种。

（1）直接在 HTML 文件中使用<Script>……</Script>标记，其描述形式如下。

```
<! doctype html>
<html>
<body>
<p id=pp></p>
<script type=" text/javascript" >
JavaScript 语言段
</Script>
<body>
<html>
<head>
<script type=" text/javascript" >
JavaScript 语言段
</Script>
</head>
```

（2）将 JavaScript 程序代码和 HTML 文件分别编写，并将 JavaScript 程序代码以拓展名".js"保存，然后在 HTML 文件中通过<Script>标记将指定的 JavaScript 文件导入。其描述形式如下。

```
<Script src = " JavaScript 文件路径" >
```

JavaScript 代码的书写说明如下。

①JavaScript 区别大小写，如函数 getElementById 与 getElementbyID 是不同的，同样，变量 myVariable 与 MyVariable 也是不同的。

②JavaScript 中使用换行符作为一条语言的结束标志，如果需要将几条语句放在同一行书写，可以在各条语句间使用分号";"进行分隔。

③JavaScript 中注释语句的描述形式有两种，可以使用"//"（单行注释）或" *……
* "（多行注释）标记 JavaScript 的注释语句。

```
/ *
下面的这些代码会输出
一个标题和一个段落
并将代表主页的开始
* /
document. getElementById (" myH1" ). innerHTML =" Welcome to my Homepage";
document. getElementById (" myP" ). innerHTML =" This is my first paragraph.";
```

④JavaScript 会忽略多余的空格。可以向脚本添加空格来提高其可读性，下面的两行代

码是等效的。

```
var name = " Hello";
var name = " Hello";
```

（三）JavaScript 数据类型

JavaScript 有多种数据类型：数字、字符串、数组、对象等。

```
var length = 16; // Number 通过数字字面量赋值
var points = x * 10; // Number 通过表达式字面量赋值
var lastName = " Johnson"; // String 通过字符串字面量赋值
var cars = [" Saab", " Volvo", " BMW"]; // Array 通过数组字面量赋值
var person = {firstName:" John", lastName:" Doe"}; // Object 通过对象字面量赋值
```

二、Javascript 脚本应用

（一）浏览器对象模型 BOM

在 JavaScript 中对象之间并不是独立存在的，对象与对象之间有着层次关系，如 document 对象是 window 对象的子对象。浏览器对象模型 BOM（Browser Object Model）就是用于描述这种对象与对象之间层次关系的模型，该对象模型提供了独立于内容的、可以与浏览器窗口进行互动的对象结构。BOM 由多个对象组成，window 对象是 BOM 的顶层对象，其他对象都是该对象的子对象。BOM 提供了一组以 window 为核心的对象，实现了对浏览器窗口的访问控制。

BOM 模型中的对象及其关系如下。

（1）window 对象：表示浏览器中打开的窗口。

（2）document 对象：表示浏览器中加载页面的文档对象。

（3）location 对象：包含了浏览器当前的 URL 信息。

（4）navigation 对象：包含了浏览器本身的信息。

（5）screen 对象：包含了客户端屏幕及渲染能力的信息。

（6）history 对象：包含了浏览器访问网页的历史信息。

除了 window 对象之外，其他的 5 个对象都是 window 对象的属性，它们的关系如图 5-1-1 所示。

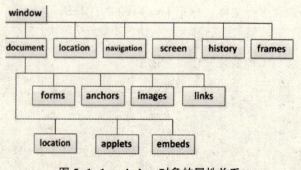

图 5-1-1　window 对象的属性关系

(二）操作 window 对象

1. 调整窗口的大小和位置

在 JavaScript 中可以使用 window. moveBy、window. moveTo、window. resizeBy 和 window. resizeTo 这 4 种方法调整窗口大小和位置。示例：

```
<! doctype html>
<html>
<head>
<title>window 对象</title>
<meta charset=" utf-8" >
</head>
<body>
<script type=" text/javascript" >
Window. moveBy （20，20) // 将浏览器左移 20px，下移 20px
Window. moveTo （20，20) // 将浏览器窗口移动到（20，20）的位置
window. resizeBy （20，20) // 将浏览器窗口的宽度和高度分别增大 20px
window. resizeTo （20，20) // 将高度和宽度分别设置为 20px
</Script>
</body>
</html>
```

2. 系统对话窗口

当某些事件发生时需要通过系统对话框向用户提供信息，这类方法包括 window. alert（显示消息提示框)、window. confirm（显示一个确认对话框）和 window. prompt（显示一个消息对话框)。示例：

```
<! doctype html>
<html>
<head>
<title>window 对象</title>
<meta charset=" utf-8" >
</head>
<body>
<script type=" text/javascript" >
Window. alert (" 欢迎光临本小店" );
</Script>
</body>
</html>
```

显示效果如图 5-1-2 所示。

图 5-1-2　显示效果

3. 打开新窗口

打开新窗口 Window. open（url、target、options），用法如下。

url 为打开的浏览器窗口要加载的 url。

Target 为新打开的浏览器窗口的定位目标或名称。

Options 为新打开的窗口规格，参数可以包括以下内容。

（1）Height 窗口的高度。

（2）Width 窗口的宽度。

（3）Left 窗口左边缘的位置。

（4）Right 窗口右边缘的位置。

（5）Top 窗口上边缘的位置。

（6）Fullscreen 是否是全屏。

（7）Menubar 是否显示菜单栏。

（8）Toolbar 是否显示工具栏。

示例：

```
<! doctype html>
<html>
<head>
<title>window 对象</title>
<meta charset =" utf-8" >
</head>
<body>
<script type =" text/javascript" >
alert （" 外围宽度" +window. outerWidth）；
alert （" 外围高度" +window. outerHeight）；
```

```
alert ("内部高度"+window. innerWidth);
alert ("外部高度"+window. innerHeight);
</Script>
</body>
</html>
```

显示效果如图 5-1-3 所示。

(a)

(b)

图 5-1-3 显示窗口高度和宽度

(a) 外围宽度和高度；(b) 内部宽度和高度

(三) 操作 document 对象

document 对象实际上是 window 对象的属性，从 BOM 角度看，document 对象由一系列集合构成，这些集合可以访问文档的各个部分，并提示页面自身的信息。

document 对象的方法都与文字的输出有关，它们是 document. open/close、document. write/ write In。

示例：

```
<! doctype html>
<html>
<head>
<title>window 对象</title>
<meta charset=" utf-8" >
</head>
<body>
<script type=" text/javascript" >
alert (window. document. bgColor=" green" )
</Script>
</body>
```

显示效果如图 5-1-4 所示。

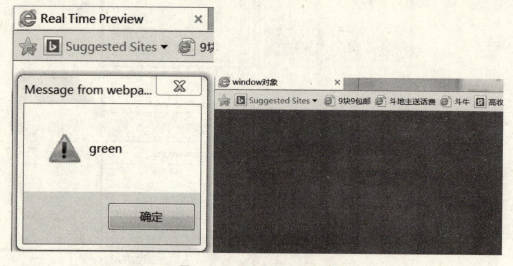

图 5-1-4 显示页面背景颜色

document 通用属性如下。

（1）document. bgColor 该属性为页面的背景色。

（2）document. fgColor 该属性为页面的前景色。

（3）document. linkColor 该属性为页面文档链接的颜色。

（4）document. vlinkColor 该属性为页面中访问过的链接颜色。

（5）document. alinkColor 该属性为页面中激活链接的颜色。

（6）document. domain 该属性为文档所在的域名。

（7）document. URL 该属性为当前页面的 URL。

（8）document. title 该属性为当前页面的标题。

（9）document. cookie 该属性用于设置或读取 cookie 的值。

（四）操作 location 对象

location 对象中包含了当前窗口的 url 信息，它的对象及详细说明如下。

location. hash 返回 href 后面的字符串。

location. host 提供 url 的 name：port 部分。

location. hostname 提供 url 的 hostname 部分。

location. href 提供整个 url。

location. pathname 提供 url 中第三个斜杠后面的文件名。

location. port 返回 url 端口令。

location. protocol 返回表示 url 访问方法的首字母串。

location. search 提供完整 url 后面的查询字符串。

示例：

```
<! doctype html>
<html>
<head>
<title>window 对象</title>
<meta charset=" utf-8" >
</head>
<body>
<script type=" text/javascript" >
alert（window. location. href）
</Script>
</body>
</html>
```

显示效果如图 5-1-5 所示。

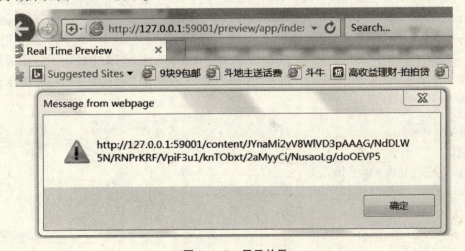

图 5-1-5　显示效果

（五）JavaScript 动态添加 css 样式和 script 标签

1. JavaScript 动态添加 css 样式

一般情况下 JavaScript 动态插入样式有两种，一种是页面中引入外部样式，在<head>中使用<link>标签引入一个外部样式文件；另一种是在页面中使用<style>标签插入页面样式（这里说的不是 style 属性）。

（1）页面中引入外部样式。在<head>中使用<link>标签引入一个外部样式文件，这个比较简单，各个主流浏览器也不存在兼容性问题，代码如下。

```
<! doctype html>
<head>
<script type = " text/javascript" >
window. onload = function ( ) {
var head = document. getElementsByTagName ('head') [0]; //获取到 head 元素
var link = document. createElement ('link'); //创建 link 元素节点，也就是 link 标签
link. rel = " stylesheet"; //为 link 标签添加 rel 属性
link. href = " basic. css"; //为 link 标签添加 href 属性，属性值是 css 外链样式表的路径
head. appendChild (link); //将 link 元素节点添加到 head 元素子节点下
  }
</script>
</head>
    <body>
        <div id = " div1" >测试</div>
    </body>
    </html>
```

（2）使用<style>标签插入页面样式。这种方式在各个主流浏览器存在兼容性问题，像 FireFox 等标准浏览器无法直接获取设置 styleSheet 的 cssText 值，标准浏览器下只能使用 document. styleSheets [0] . cssRules [0] . cssText 单个获取样式。同时使用 document. styleSheets [0] . cssRules [0] . cssText = newcssText，页面不会自动更新样式，必须使用 document. styleSheets [0] . cssRules [0] . style. cssText = newcssText。YUI 中使用了一个很好的方法，style. appendChild (document. createTextNode (styles)) 采用 createTextNode 将样式字符串添加到<style>标签内。

```
<! doctype html>
<head>
<script type = " text/javascript" >
window. onload = function includeStyleElement (styles, styleId) {
    if (document. getElementById (styleId) ) {
    return
    }
```

```
    var style = document. createElement ("style");
    style. id = styleId; //这里最好给 IE 设置下面的属性
    / * if (isIE ()) {
    style. type = "text/css";
    style. media = "screen"
} * / (document. getElementsByTagName ("head") [0] || document. body). ap-
pendChild (style);
    if (style. styleSheet) {
    //for ie
    style. styleSheet. cssText = styles;
    } else { //for w3c
    style. appendChild (document. createTextNode (styles));
    }
} var styles = " #div {background-color: #FF3300; color: #FFFFFF} ";
includeStyleElement (styles, "newstyle");
    </script>
    </head>
        <body>
    <div id=" div1" >测试</div>
    </body>
    </html>
```

2. 动态添加 script 标签

动态添加 script 到页面大约有两种方法：第一种是利用 ajax 方式，把 script 文件代码从后台加载到前台，然后对加载到的内容通过 eval () 执行代码；第二种是动态创建一个 script 标签，设置其 src 属性，通过把 script 标签插入到页面 head 来加载 js，相当于在 head 中写了一个<script src=" ..." ></script>，只不过这个 script 标签是用 js 动态创建的。例如，动态地加载一个 callbakc. js，就需要这样一个 script 标签。

```
<script type=" text/javascript" src=" call. js" ></script>
```

具体代码如下。

```
<html>
<head>
<script type=" text/javascript" >
window. onload=function () {
var head=document. getElementsByTagName ('head') [0]; //获取到 head 元素
var script=document. createElement ('script'); //创建 script 标签
script. type=" text/javascript"; //为 script 标签添加 type 属性
```

```
script. src = " call. js"；//为 script 标签添加 scr 属性，属性值为 js 路径
head. appendChild（' script '）；//将 script 标签添加到 head 的子节点下

    }

</script>
</head>
<body>
<div id = " div1" >测试</div>
</body>
</html>
```

 知识要点

一、客户端脚本语言概述

1. 客户端脚本简介

由于 HTML 所提供的页面信息绝大多数都是静态页面，通过浏览器显示给用户页面内容缺少动态、互动效果。在这种情况下各种语言应运而生，它们能够实现客户端页面的动态效果，提高页面的交互性，同时使用方式也较为简单、方便。

微课视频：客户端脚本语言概述

2. 客户端脚本语言的作用

应用于客户端 Web 程序设计的脚本语言，将其嵌入到 HTML 文档中，由浏览器直接解释执行，弥补了 HTML 语言的不足，大大增强了客户端 Web 页面的动态性和交互性，它的功能较为强大，可以在客户端使用脚本语言实现不同的页面动态效果，如页面显示图片的变化等，也可以利用脚本语言在客户端进行基本的数据输入及正确性的检查，提高客户端与服务器端数据传输的效率和正确性。

3. 常见的脚本语言

目前较为常见的脚本语言是 JavaScript 和 VBScript，它们既可以用于服务器端 Web 程序开发，也可以用于客户端 Web 程序开发。JavaScript 具有 Java 语言的许多特性，但是应用于 HTML 页面比 Java 更简单有效。VBScript 具有 Visual Basic 几乎相同的语法结构。

二、JavaScript 语言的特点

JavaScript 是一种基于对象和事件驱动的客户端脚本语言，并具有相对的安全性，主要用于创建交互性较强的动态页面。其主要特点如下。

1. 基于对象

JavaScript 是基于对象的脚本编程语言，能通过 DOM（文档结构模型）及自身提供的对象和操作方法来实现所需的功能。

动画视频：JavaScript 语言的特点

2. 事件驱动

JavaScript 采用事件驱动方式，能响应键盘，鼠标及浏览器窗口事件等，并执行指定的操作。

3. 解释性语言

JavaScript 是一种解释性脚本语言，无须专门的编译器进行编译，在嵌入 JavaScript 脚本的 HTML 文档被浏览器载入时会逐行地解释，大量节省了客户端与服务器端进行数据交互的

时间。

4. 实时性

JavaScript 事件处理是实时性的，无须经服务器即可对客户端的事件做出响应，并用处理结果实时更新目标页面。

5. 动态性

JavaScript 提供简单高效的语言流程，灵活处理对象的各种方法和属性，同时及时响应文档页面事件，实现页面的交互性和动态性。

6. 跨平台

JavaScript 脚本的正确运行依赖于浏览器，而与具体的操作系统无关。只要客户端装有支持 JavaScript 脚本的浏览器，JavaScript 脚本运行结果就能正确反映在客户端浏览器平台上。

7. 开发使用简单

JavaScript 基本结构类似于 C 语言，采用小程序段的方式编程，并提供了简易的开发平台和便捷的开发流程，既能嵌入到 HTML 文档中供浏览器解释执行，同时 JavaScript 的变量类型是弱类型，使用不严格。

8. 相对安全性

JavaScript 是客户端脚本，通过浏览器解释执行。它不允许直接访问本地计算机，并且不能将数据存储到服务器上，它也不允许对网络文档进行修改和删除，只能通过浏览器实现信息浏览或动态交互，从而有效地防止数据的丢失。

综合上述，JavaScript 是一种有着较强生命力和发展潜力的脚本描述语言，可被直接嵌入到 HTML 文档中，供浏览器解释执行；可以直接响应客户端事件，如验证数据表单合法性等，并调用相应的处理方法，迅速返回处理结果并更新页面，实现 Web 交互性和动态的要求。同时将大部分的工作交给客户端处理，将 Web 服务器资源服务器消耗降到最低。

三、JavaScript 与 Java 区别

（1）它们是两个公司开发的两个不同的产品。Java 是 SUN 公司推出的新一代面向对象的程序设计语言，特别适合于 Internet 应用程序开发，而 JavaScript 是 Netscape 公司的产品，其目的是为了扩展 Netscape Navigator 功能，而开发的一种可以嵌入 Web 页面中的基于对象和事件驱动的解释性语言。

（2）JavaScript 是基于对象的，而 Java 是面向对象的。

Java 是一种真正面向对象的语言，即使是开发简单的程序，也必须设计对象。

JavaScript 是一种脚本语言，它可以用来制作与网络无关的，与用户交互的复杂软件。它是一种基于对象和事件驱动的编程语言。因而它本身提供了非常丰富的内部对象供设计人员使用。

（3）两种语言在浏览器中所执行的方式不一样。Java 的源代码在传递到客户端执行之前，必须经过编译，因而客户端上必须具有相应平台上的仿真或解释器，它可以通过编译器或解释器实现独立于某个特定平台编译代码的束缚。JavaScript 是一种解释性编程语言，其源代码在发往客户端执行之前不需经过编译，而是将文本格式的字符代码发送给客户，由浏览器解释执行。

（4）两种语言所采取的变量是不一样的。Java 采用强类型变量检查，即所有变量在编

译之前必须做声明。JavaScript 中变量声明，采用其弱类型，即变量在使用前不需做声明，而是解释器在运行时检查其数据类型。

（5）代码格式不一样。Java 是一种与 HTML 无关的格式，必须通过像 HTML 中引用外媒体那样进行装载，其代码以字节代码的形式保存在独立的文档中。JavaScript 的代码是一种文本字符格式，可以直接嵌入 HTML 文档中，并且可动态装载。编写 HTML 文档就像编辑文本文件一样方便。

（6）嵌入方式不一样。在 HTML 文档中，两种编程语言的标识不同，JavaScript 使用 <script>...</script> 来标识，而 Java 使用<applet>...</applet>来标识。

（7）静态绑定和动态绑定。Java 采用静态联编，即 Java 的对象引用必须在编译时进行，以使编译器能够实现强类型检查。JavaScript 采用动态联编，即 JavaScript 的对象引用在运行时进行检查，如不经编译就无法实现对象引用的检查。

四、常用的对象

JavaScript 是一种基于对象的语言。它可以应用自己创建的对象，因此许多功能来自脚本环境中对象的方法和脚本的相互作用。

1. window 对象

window 对象即浏览器窗口对象，是一个全局对象，是所有对象的顶级对象。window 对象同 math 对象一样，不需要使用 new 关键字去实例化对象实例，可以直接使用"对象名 . 成员"的格式访问其属性和方法。由于 window 对象使用十分频繁，又是其他对象的父对象，因此在使用 window 对象的属性和方法时，JavaScript 允许省略 window 对象的名称。例如，在使用 window 对象的 alert () 方法弹出一个提示对话框时，可以使用下面的语句。

```
window. alert （"dsdds"）;
```

也可以使用：

```
alert （"dsdds"）;
```

2. string 对象

在 JavaScript 中，可以将用单引号和双引号引起来的一个字符串当作字符串对象的实例，所以可以在某个字符串后面加上"."去调用 string 对象的属性和方法。例如，"sdfg". length.

3. date 对象

通过 var now＝new Date () 获取当前系统时间。

var year＝now. getFullYear () 获取年份。

var date＝now. getDate () 获取日期。

var day＝now. getDay () 获取星期，day 的值是 0~6。

学习单元二　Dreamweaver 行为的应用

行为是 Dreamweaver 最具特色的功能之一，使用行为可以制作出交互功能丰富的网页。

一、Dreamweaver 行为概述

行为是用来动态响应用户操作、改变当前页面效果或执行特定任务的一种方法。行为有3个最重要的构成部分，分别是对象（Object）、事件（Event）和动作（Action）。例如，当用户把鼠标指针移动至对象上（称为事件），这个对象会发生预定义的变化（称：动作）。事件是为大多数浏览器理解的通用代码，浏览器通过释译来执行动作。对象是产生行为的主体。网页中很多元素都可以成为对象，如网页中插入的图片、文字、多媒体文件等。对象也是基于成对出现的 HTML 标签，在创建时首先要选中对象的标签。事件是触发动态效果的条件，一个事件也可以触发许多动作，编写过程中可以定义它们执行的顺序。

在创建行为时，这三者的顺序为：选择对象→添加动作→调整事件。

二、Dreamweaver 行为应用

（一）行为面板介绍

在 Dreamweaver 中，主要通过"行为"面板来将行为添加到页面的标签上，并可以对以前添加的行为参数进行修改，当然，还可以直接在 HTML 源代码中进行修改。

选择"窗口"→"行为"选项，即可打开"行为"面板，如图 5-2-1 所示。

（1）"显示设置事件"按钮：只显示附加到当前文档的事件。

（2）"显示所有事件"按钮：按字母顺序显示属于特定类别的所有事件。一般情况下，在文档中选择了某一个 HTML 标签，就会显示关于该标签的所有事件。

（3）"添加行为"按钮：单击此按钮，则会弹出下拉菜单，如图 5-2-2 所示。

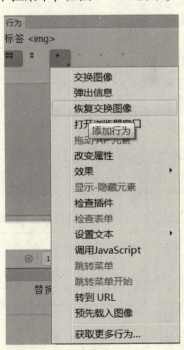

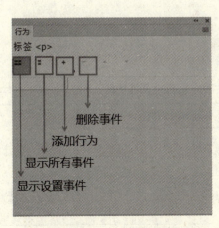

图 5-2-1 "行为"面板

图 5-2-2 "添加行为"下拉菜单

这个特定菜单中，包含了可以附加到当前选定元素的动作。从该菜单列表中选择一个动作时，将会出现一个对话框，可以在此对话框中指定该动作的相关参数。如果该菜单上的某个动作处于"灰显"状态，则说明该动作不能使用。

选定的元素会在"标签"后面显示出来。

（4）"删除事件"按钮：从行为列表中删除所选定的事件和动作。

（5）选择不同的事件：选择一个行为选项，单击这个行为左边的事件，则会在该事件的旁边出现一个向下的箭头，如图5-2-3所示。

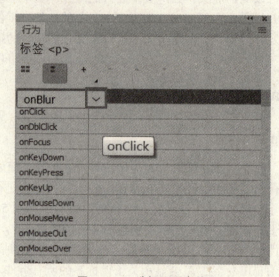

图5-2-3　选择不同事件

单击向下的箭头出现下拉菜单，可以在该菜单中为该行为选择不同的事件。

（6）"向上箭头或向下箭头"按钮：在行为列表中上下移动某一事件的选定动作。当同一事件出现几个行为时，选择其中的一个行为，单击"增加事件值"或"降低事件值"按钮，可以向上或向下移动该行为。同一事件的几个行为的排列顺序决定了在文档中对象行为的执行顺序。排在上面的先执行，排在下面的后执行。对于不能在列表中上下移动的行为，箭头按钮将处于禁用状态。

（二）行为功能介绍

Dreamweaver主要内置行为及其功能如表5-2-1所示。

表 5-2-1　Dreamweaver 主要内置行为及其功能

行为名称	行为的功能
交换图像	发生设置的事件后，用其他图片来取代选定的图片，此动作可以实现图像感应鼠标的效果
弹出信息	设置事件发生后，显示警告信息
恢复交换图像	此动作用来恢复设置交换图像
打开浏览器窗口	在新窗口中打开 URL，可以定制新窗口的大小

续表

行为名称	行为的功能
拖动 AP 元素	拖动 AP 元素行为的功能是在页面中按照指定的方式拖动某层元素移动
改变属性	改变选定对象的属性
显示-隐藏元素	根据设置的事件，显示或隐藏特定的元素
检查插件	检查访问者的计算机中是否安装特定的插件，从而决定将访问者带到不同的网页
检查表单	检查特定文本框内容，确定用户是否输入正确的数据类型，将这个动作附加到单独的文本框，可使用 onBlur 事件，来检查用户输入的表单域，或者用 onsubmit，在用户单击发送按钮时来检查多个文本框
设置本文	本动作用于控制 Shockwave 或 Flash 的播放。 （1）设置层文本：在选定的层上显示指定的内容 （2）设置框架文本：在选定的框架页上显示指定的内容 （3）设置文本域文本：在文本字段区域显示指定的内容 （4）设置状态条文本：在状态栏中显示指定的内容
调用 JavaScript	事件发生时，调用指定的 JavaScript 函数
跳转菜单	"跳转菜单"行为是用于修改已经创建好的跳转菜单
跳转菜单开始	"跳转菜单开始"行为与"跳转菜单"行为密切相关，"跳转菜单开始"行为允许将"前往"按钮和一个"跳转菜单"行为关联起来
转到 URL	可以在当前窗口或指定框架内打开一个新的页面
预先载入图像	网页中包含了各种各样的图像，有些图像在网页被浏览器下载时不能被同时下载，要显示这些图片就需要再次发出下载指令，这样会影响浏览。这时可使用"预先载入图像"行为先将这些图片载入浏览器的缓存中，避免出现延迟

（三）Dreamweaver 常见的行为应用

1. 制作交换图像

实际上，插入交换图像的过程就是在网页中添加行为的过程。

操作示例：利用行为制作滚盖图像。

步骤 1：在设计窗口中新建文件 gungaitu. html，选择"插入"→"Image"命令，在网页中插入图像。

步骤 2：选中插入的图像，打开行为面板。选择"窗口"→"行为"命令，如图 5-2-4 所示。

步骤 3：单击"+"按钮，在动作列表中选择"交换图像"选项，如图 5-2-5 所示。

图 5-2-4　选择"行为"命令

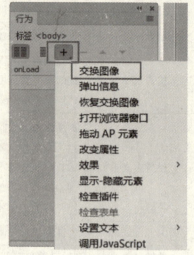

图 5-2-5　选择"交换图像"选项

步骤4：在弹出的"交换图像"对话框中，从"图像"列表框中选取需要改变其源文件的图像，然后单击"浏览"按钮选取新的图像文件，选中"预先载入图像"复选框，使新图像预先加载到浏览器的缓存中，并选中"鼠标滑开时恢复图像"复选框，如图5-2-6所示。

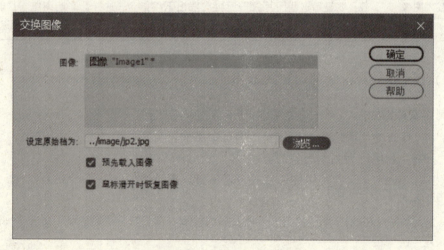

图 5-2-6　"交换图像"对话框

注意，应选用一幅与原始图像大小相同（具有同样的高度和宽度）的图像，以适应原始图像的尺寸，否则交换的图像将被压缩或扩展。

步骤5：单击"确定"按钮，"交换图像"的两个动作被添加到行为列表中。默认事件

onMouseOver 与 onMouseOut 是所需要的事件，如图 5-2-7
所示。

步骤 6：选择"修改"→"页面属性"命令，将网
页标题设置为"交换图像"。

步骤 7：按 Ctrl+S 组合键保存网页，按 F12 键预览
网页。

在本示例中，当鼠标指针移动到原始图像上时，鼠
标指针的形状不变。

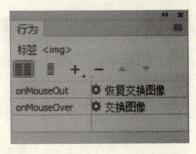

图 5-2-7　交换图像的行为设置

如果要使鼠标指针移动到原始图像上时的鼠标指针变为手形，应在步骤 2 中添加一个操
作，即在图像"属性"面板的"链接"文本框中输入"#"号，将原始图像设置为空链接。

2. 显示或隐藏 Div 区域

当鼠标指针移动到图像上时，立即显示出一些提示信息；只要鼠标指针移出，提示信息
立即消失。这是浏览网页时经常看到的现象，这种交互效果是通过显示/隐藏元素实现的。

操作示例：显示或隐藏提示信息。

步骤 1：在设计窗口中新建文件 wuyuanlvcha.html，并插入指定图像。

步骤 2：选择"插入"→"Div（D）"命令。

步骤 3：在插入的 Div（D）窗口中输入文字，如图 5-2-8 所示。

图 5-2-8　在 Div（D）窗口中输入文字

步骤 4：选中 Div（D）窗口，选择"插入"→"表单"→"隐藏"命令。

步骤 5：打开行为面板。

步骤 6：设置鼠标指针移入图像时的行为。选中图像，单击"+"按钮，在动作列表中
选择"显示-隐藏元素"选项。

步骤 7：在"显示-隐藏元素"对话框中，从"元素"列表框中选取需要改变的可见性
的 Div，单击"显示"按钮，显示隐藏的元素，如图 5-2-9 所示。单击"确认"按钮，"显
示-隐藏元素"便被添加到列表中。单击事件并在下拉列表中选择"onMouseOver"事件。

本示例需要的效果是鼠标指针移出图像时隐藏被显示的元素，因此需要再添加"on-
MouseOut"事件。

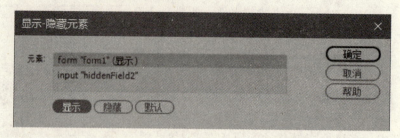

图 5-2-9 "显示-隐藏元素"对话框

步骤8：设置鼠标指针移出图像时的行为。选中图像，单击"+"按钮，在动作列表中选择"显示-隐藏元素"选项。

步骤9：在"显示-隐藏元素"对话框中，从"元素"列表框中再次选取需要改变的可见性的 Div，单击"隐藏"按钮隐藏选中的元素，单击"确认"按钮，"显示-隐藏元素"被添加到列表中。单击事件并在下拉列表中选择"onMouseOut"事件，如图 5-2-10 所示。

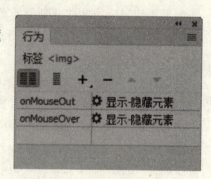

步骤10：按 Ctrl+S 组合键保存网页，按 F12 键预览网页。

图 5-2-10 行为设置

3. 设置打开与关闭浏览器窗口时的弹出信息

如何设置打开或关闭江西特产商贸网站时，弹出的提示信息对话框，具体操作步骤如下。

步骤1：执行菜单栏"窗口"→"行为"命令，打开行为面板，如图 5-2-11 所示，单击"+"按钮，在弹出的选项框中选择"弹出信息"选项。

步骤2：在"弹出信息"对话框中输入需要显示的文本，如输入"欢迎光临江西特产商贸!"，单击"确定"按钮，如图 5-2-12 所示。

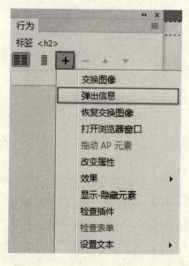

图 5-2-11 "行为选项"菜单

图 5-2-12 输入信息1

步骤3：单击"行为"面板中onClick后面的下拉按钮，如图5-2-13所示。在弹出的列表框中选择"onLoad"事件，如图5-2-14所示。

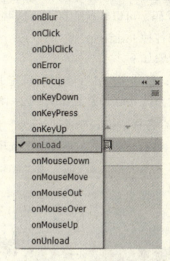

图5-2-13　选择事件　　　　　　图5-2-14　事件列表框

步骤4：继续在"行为"面板中单击"+"按钮，在弹出的选项框中选择"弹出信息"选项，输入"谢谢您的浏览，欢迎下次光临!"，单击"确定"按钮，如图5-2-15所示。

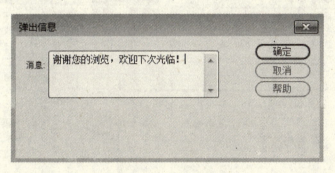

图5-2-15　输入信息2

步骤5：单击"行为"面板中onClick后面的下拉按钮，在弹出的列表框中选择"onUn-load"事件。

步骤6：执行"文件"→"保存"命令，保存页面。按F12键预览网页，效果如图5-2-16和图5-2-17所示。

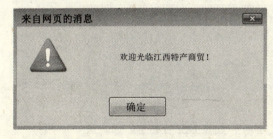
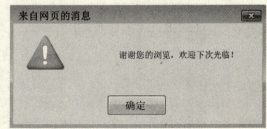

图5-2-16　显示"欢迎光临江西特产商贸!"　　图5-2-17　显示"谢谢您的浏览，欢迎下次光临!"

4. 调用 JavaScript 行为

调用 JavaScript 行为可以指定在事件发生时要执行的自定义函数或 JavaScript 代码。可以在代码区书写这些 JavaScript 代码，也可以使用网络上免费发布的各种 JavaScript 库。

微课视频：JS
调用行为

操作步骤如下。

步骤 1：打开文档，在文档窗口左下角的状态栏上单击<body>标签或单击要附加行为的其他对象，如图 5-2-18 所示。

步骤 2：选择"窗口"→"行为"命令，打开"行为"面板，如图 5-2-19 所示，单击"+"按钮，选择"调用 JavaScript"选项。

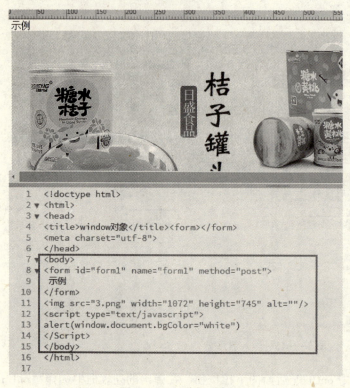

图 5-2-18 选择对象　　　　　图 5-2-19 调用 JavaScript

步骤 3：在弹出的"调用 JavaScript"对话框中输入浏览器窗口对象，如输入"window. close（）"，单击"确定"按钮，如图 5-2-20 所示。

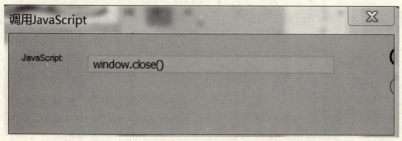

图 5-2-20 输入 JavaScript 对象

步骤 4：在行为列表窗口中会显示添加的事件及其对应的动作。如果这不是所需要的触发事件，可以选择其他事件，如图 5-2-21 所示。

至此完成页面中选定对象添加 JavaScript 行为的步骤。

5. 转到 URL 行为

转到 URL 行为是指一个对象设置 URL 地址，当单击对象时页面会跳转到对应的 URL 页面。

具体操作步骤如下。

步骤 1：在设计窗口中新建页面，并输入文本"江西工业职业技术学院"，如图 5-2-22 所示。

步骤 2：选择"窗口"→"行为"命令，打开"行为"面板，如图 5-2-23 所示，单击"+"按钮，选择"转到 URL"选项。

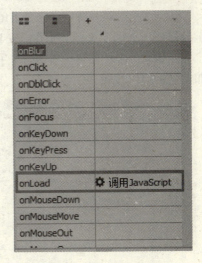

图 5-2-21　显示事件

图 5-2-22　输入文本

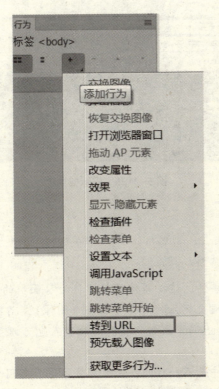

图 5-2-23　选择行为

步骤 3：在对话窗口中添加 URL 地址，可以是网页链接也可以是本地链接，示例中添加学校网址，如图 5-2-24 所示，按 Enter 键。

步骤 4：在"显示设置事件"面板中设置 onClick 事件（当浏览者单击指定元素时产生，如单击链接、按钮或图像地图），如图 5-2-25 所示。

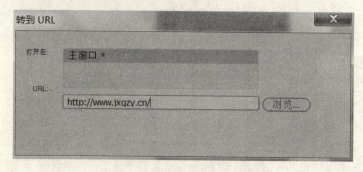

图 5-2-24　添加 URL 地址

图 5-2-25　显示事件

完成之后进行预览，如图 5-2-26 所示。

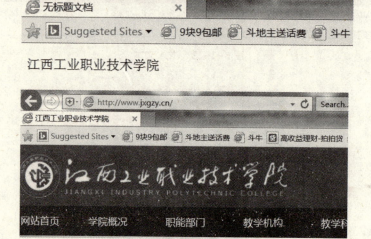

图 5-2-26　显示效果

 知识要点

一、事件

每个浏览器都提供一组事件，这些事件可与"行为"面板的动作（+）列表所列出的动作相关联。当网页浏览者与网页交互时（如单击某个图像），浏览器生成事件；这些事件可用于调用引起动作发生的 JavaScript 函数。没有用户交互也可以生成事件，如设置每 10s 自动重新载入页面。

各种浏览器所支持的事件是不一样的，绝大部分事件只能用于特定的网页对象。

（1）选择浏览器。在"行为"面板中单击添加行为按钮，在"显示事件"级联菜单中可以选择不同的浏览器。

（2）查看可用事件。在"行为"面板中，单击显示所有事件按钮，可查看可供使用的所有事件。

如果需要精确地查看浏览器中的对象可以使用哪些给定事件的详细信息，可在安装目录Dreamweaver/Configuration/Behaviors/Events 文件夹中打开相应浏览器文件，查看源文件，搜索指定对象所支持的事件，表5-2-2 所示是网页制作中的常用事件名称与说明。

表 5-2-2　常用事件名称及说明

事件	事件说明
onAbort	当浏览者终止加载图像时产生。例如，当浏览者在加载图像时单击浏览器中的"停止"按钮
onAfterUpdate	当网页的绑定数据元素结束更新数据源时产生
onBeforeUpdate	当页面的绑定数据元素已经修改，并即将失去焦点时（也就是准备更新数据源时）产生该事件
onBlur	onBlur 事件在指定元素不再是浏览者交互的焦点时产生。例如，浏览者先在文本域中单击，然后在其外单击，这时浏览器将为文本域产生一个 onBlur 事件
onBounce	当字幕元素的内容已经到达字幕的边界时产生
onChange	当浏览者改变网页的一个值时产生。例如，当浏览者从菜单中选取一个项目，或者浏览者修改了文本域的内容，然后又在网页的其他处单击，此时会产生一个 onChange 事件
onClick	当浏览者单击指定元素时产生。例如，单击链接、按钮或图像地图
onConTextMenu	当浏览者右击并弹出快捷菜单时，或者通过按键盘上的按键触发页面菜单时的事件
onCopy	当页面当前的被选择内容被复制后的事件
onDrag	当页面某个对象被拖动时的事件
onDrop	在拖动过程中，释放鼠标按键时的事件
onDblClick	当浏览者双击指定元素时产生
onError	在加载图像和页面时，如果发生浏览器错误，则该事件产生
onFinish	当字幕元素的内容结束一个循环时产生
onFocus	当指定元素成为浏览者交互的焦点时产生。例如，在表单的文本域中单击将产生一个 onFocus 事件
onHelp	在浏览者单击浏览器中的"帮助"按钮或从浏览器菜单选择"帮助"命令时产生
onKeyDown	在浏览者按下任何键的同时产生。浏览者不需松开按键，该事件就能产生，浏览器并不能确定是哪个键被按下
onKeyPress	当浏览者按下并松开任何键时产生。相当于 onKeyDown 和 onKeyUp 两个事件的组合。浏览器并不能确定是哪个键被按下
onKeyUp	当浏览者按下一个键，然后松开该键时产生。浏览器并不能确定是哪个键被按下
onLoad	当图像或网页结束加载时产生

续表

事件	事件说明
onMouseDown	当浏览者按下鼠标时产生。浏览者不需松开鼠标，该事件就能产生
onMouseMove	当浏览者指向了某元素，且在移动了鼠标指针的情况下产生。注意，鼠标指针必须停留在元素的边界内
onMouseOut	当鼠标指针从指定元素上移开时产生
onMouseOver	当鼠标指针第一次移动到指定元素时产生。该事件指定的元素通常是链接
onMouseUp	当被按下的鼠标按键松开时产生
onMove	当窗口或框架移动时产生
onReadyStatChange	当指定元素的状态改变时产生。可能的元素状态包括 uninitialized（尚未初始化）、loading（正在载入）和 complete（已经完成）
onReset	当表单被恢复到默认值时产生
onResize	当浏览者调整浏览器窗口或框架大小时产生
onRowEnter	当绑定数据源的当前记录指针改变时产生
onRowExit	当绑定数据源的当前记录指针准备改变时产生
onScroll	当浏览者拖动滚动条上下滚动网页时产生
onSelect	当浏览者在文本域中选取文本时产生
onStart	当字幕元素的内容开始一个循环时产生
onSubmit	当浏览者提交表单时产生
onUnload	当浏览者离开网页时产生

前文介绍的滚盖图（又称为交互式图像），就是借助几个事件完成的。

首先，使用 onLoad 事件。在文档中插入图像时，系统询问是否将图像预载入高速缓冲区。onLoad 事件将引发预载入图像的动作，"行为"面板显示的是 onLoad 事件及其相应的动作，如图 5-2-27 所示。

其次，使用 onMouseOver 事件与 onMouseOut 事件。前者可交换图像，后者可恢复交换图像，从而达到显示交互式图像的效果，如图 5-2-28 所示。

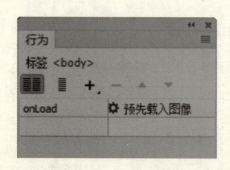

图 5-2-27　onLoad 事件

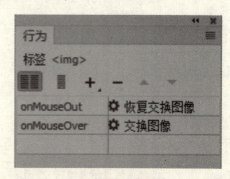

图 5-2-28　onMouseOver 事件与 onMouseOut 事件

二、行为的创建、修改及更新

对行为的添加和控制主要通过"行为"面板来实现。

1. 创建行为

创建行为一般有 3 个步骤：首先在页面中选择要添加行为的对象，然后在"行为"面板中为之添加所需的动作，最后调整触发动作的事件。需要注意的是一个对象可以添加多个行为，多个行为以字母顺序显示在"行为"面板上。为了实现需要的效果，编辑者可以指定和修改动作发生的顺序。

2. 修改行为

添加行为之后可以修改触发动作的事件、添加或删除动作、修改动作的参数。编辑动作的参数可双击行为名称或选中后按 Enter 键，修改给定事件的多个动作顺序，可选定动作后按上下箭头按钮，或剪切后在所需顺序处粘贴。要删除行为，选定后按"–"按钮或Delete 键。

3. 更新行为

不同版本的 Dreamweaver 做好的网页中如有行为，在另一低版本中打开时一般不会自动更新。实现行为更新的步骤为：选定一个对象，打开"行为"面板，双击行为后确定。

 模块小结

本模块的内容包括两部分：JavaScript 技术基础和 Dreamweaver 行为应用。首先介绍了JavaScript 的工作原理和 JavaScript 程序，使学生在了解 JavaScript 脚本技术的基础上能够继续学习并掌握 JavaScript 脚本应用，在了解 Dreamweaver 行为的相关知识基础上，能够根据所学知识在 Dreamweaver 中完成不同行为的操作。

模块实训

一、实训概述

本部分为 Dreamweaver 行为应用实训，学生通过教师提供的素材，结合本模块学习内容完成动态网页的设计与制作。

二、实训流程图

实训流程图如图 5-3-1 所示。

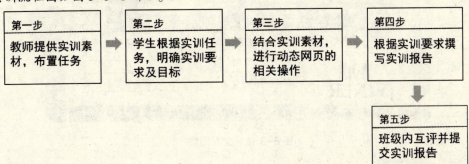

图 5-3-1　实训流程图

三、实训素材

（1）安装 Dreamweaver CC 2017 的计算机若干及良好的网络环境。

（2）站点文件夹。

四、实训内容

步骤 1：操作 window 对象。

利用所学知识完成操作，包括调整窗口的大小和位置、系统对话窗口、打开新窗口。

步骤 2：操作 navigation、screen 和 history 对象。

结合所学知识及相关微课视频，完成 navigation、screen 和 history 对象操作。

步骤 3：制作交换图像。

依据学习单元二的内容，利用 Dreamweaver 行为命令为网站首页制作滚盖图像，效果如图 5-3-2 所示。

图 5-3-2　交互图像

步骤 4：显示或隐藏 Div 区域。

为网站首页区域制作提示信息，最终效果如图 5-3-3 所示。

图 5-3-3　提示信息

步骤5：设置打开与关闭浏览器窗口时的弹出信息。

依据学习单元二的内容为网站设置打开与关闭浏览器窗口时的弹出信息。

五、实训报告

根据要求完成实训报告，然后提交给教师。

模块六　Dreamweaver 页面布局

 **模块概述**

　　随着网页设计技术特别是 CSS 样式表技术的发展，互联网刚兴起时所流行的表格式页面布局技术已逐步被 CSS+DIV 布局技术所取代，这不仅实现了页面布局与页面内容的分离，提升了网页设计的效率，而且也极大方便了前端设计者对页面的个性化布局。移动互联网的快速发展使得基于 CSS+DIV 的弹性布局技术得到了迅猛发展，这使得同一页面不需做任何修改即可在不同的终端设备上实现个性化展现。本模块内容将通过对网页布局基础技术及 CSS 盒子模型、DIV 行内对象及块级对象等内容的讲解，带领学生深入了解 DIV+CSS 布局技术，并对行业前沿的弹性布局与响应式网页设计进行学习。

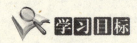 **学习目标**

☞ **知识目标**

1. 了解页面布局的基本结构及形式。
2. 了解弹性布局的基本概念。
3. 熟悉 CSS 盒子模型。
4. 熟悉块级对象与行内对象的使用。
5. 掌握 DIV+CSS 布局的基本属性。
6. 掌握响应式网页设计的原理。

☞ **能力目标**

1. 能够熟练使用 DIV+CSS 进行单列布局、两列布局和三列布局。
2. 能够使用 DIV+CSS 进行响应式网页制作。

 **模块分解**

微课视频：
页面布局概述

学习单元一　页面布局基础

　　在网页设计中，表格、DIV+CSS 与框架主要用于网页的布局定位，表格用于准确定位，而 DIV+CSS 可用于相对定位，框架在定位的基础上可以引入多个 HTML 文件。由于表格布局的代码冗余较多、浏览器兼容性差、搜索引擎收录不友好、修改麻烦等诸多弊端，在现如今的网页设计领域基本已经被摒弃。

DIV 是 HTML 中的一个对象。DIV+CSS 是一种网页的布局方法，这种网页布局方法有别于传统的表格布局，真正地达到了 W3C 内容与表现相分离。

一、页面布局基础

1. 按页面模块结构分

网页开发的首要环节就是页面布局，从页面模块结构组成来看，页面布局模式可分为以下几种。

（1）单列布局。

单列布局是最简洁的一种页面布局方式，整个页面给人的感觉很干净，目前主流的电商网站基本上都是使用这种布局。整个页面可分为头部（header）、主体部分（content）和尾部（footer）3 个部分。其中头部和尾部在整个网站中大部分页面是相同的，而各个页面中出现变化的部分主要集中在主体部分。其页面布局方式如图 6-1-1 和图 6-1-2 所示。这样进行页面布局可以有效减少在页面编码和页面修改过程中对于相同部分进行的重复操作，同时也减少了代码量。

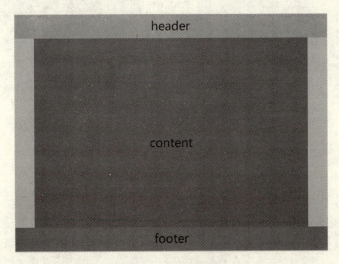

图 6-1-1　单列布局

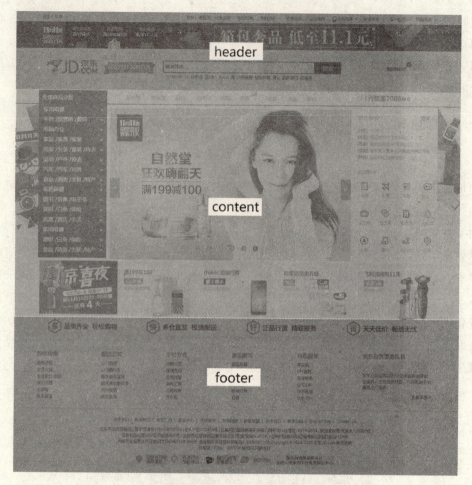

图 6-1-2　京东首页布局

以下是图 6-1-1 所示布局的 DIV 及 CSS 代码。

CSS 代码如下。

```
. box {width: 800px; height: 600px; text-align: center; line-height: 60px;}
. container { width: 805px; margin: 0 auto;}
. header { width: 100%; height: 60px; background: orange;}
. content { position: relative; width: 700px; margin: 0 auto; height: 480px; background: olive;}
. content _ footer { position: relative; height: 60px; background: orangered; width: 100% ;}
```

DIV 代码如下。

```
<div class=" container" >
<div class=" box" >
<div class=" header" >header</div>
```

```
<div class="content">content</div>
<div class="content_footer">footer</div>
</div>
</div>
```

（2）两列布局。

两列布局是指在单列布局的基础上，为页面主体增加侧边栏（sidebar）的布局技术，如图 6-1-3 所示。其侧栏可以在左侧，也可以在右侧，如简书网站首页就采用侧栏在右侧的布局方式，如图 6-1-4 所示。

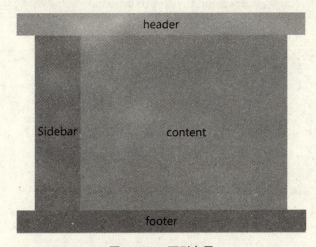

图 6-1-3　两列布局

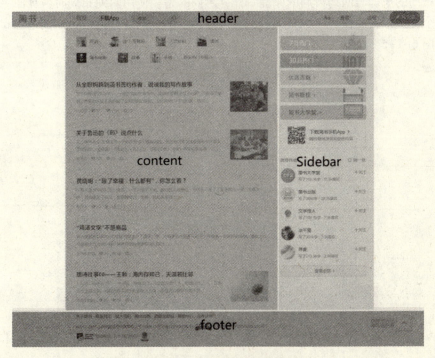

图 6-1-4　简书网站首页布局

以下是图 6-1-3 所示布局的 DIV 及 CSS 代码。

CSS 代码如下。

```
. box {width: 800px; height: 600px; text-align: center; line-height: 60px; margin:
0 auto;}
. header {width: 100%; height: 60px; background: orange;}
. content {width: 700px; margin: 0 auto; height: 480px; background: olive;}
. left {height: 100%; width: 100px; float: left; background: orchid;}
. right {height: 100%; width: 600px; float: right; background: yellowgreen;}
. footer {height: 60px; background: orangered; width: 100%}
```

DIV 代码如下。

```
<div class=" box" >
  <div class=" header" >header</div>
  <div class=" content" >
    <div class=" left" >1111</div>
    <div class=" right" >111</div>
  </div>
  <div class=" footer" >footer</div>
</div>
```

（3）三列布局。

三列布局的原理与两列布局的原理一样，不同的是：使用两列布局时，页面主体部分只增加了一个侧边栏，而使用三列布局时，页面主体部分分别增加了一个左侧边栏和一个右侧边栏，如图 6-1-5 所示。

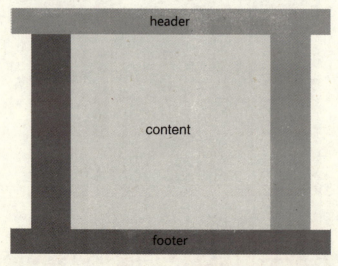

图 6-1-5 三列布局

以下是图 6-1-5 所示三列布局的 DIV+CSS 代码。

CSS 代码如下。

```
.box ｛width：800px；height：600px；margin：0 auto；text-align：center；line-height：60px；｝
.container ｛width：805px；margin：0 auto；｝
.header ｛width：100%；height：60px；background：orange；｝
.content ｛width：700px；height：500px；margin：0 auto；｝
.footer ｛height：60px；background：orangered；width：100%｝
.left ｛height：100%；width：100px；float：left；background：orchid；｝
.center ｛float：left；width：500px；height：100%；background：blanchedalmond；｝
.right ｛height：100%；width：100px；float：right；background：yellowgreen；｝
```

DIV 代码如下。

```
<div class=" box" >
    <div class=" header" >header</div>
    <div class=" content" >
      <div class=" left" ></div>
      <div class=" center" ></div>
      <div class=" right" ></div>
    </div>
    <div class=" footer" >footer</div>
</div>
```

以上分别讲述了单列布局、两列布局和三列布局，其实还可以根据展示要求将页面设置为四列布局或五列布局，等等。实际使用过程中往往会出现上述几种布局结构相互嵌套的情况，不过其基本形式不会发生变化。

上面 3 种常见的布局都是内容居中的列式布局，其内容区的大小是固定的。当浏览器窗口大小发生改变时，页面的布局结构不会改变，但其两边的距离会发生变化，这也是这种布局比较受欢迎的原因之一。

2. 按布局结构分

根据布局结构及其大小是否会随浏览器窗口宽度大小改变而变化，常见的页面布局又分为以下几种。

（1）固定布局。

在固定布局中，网页的各个模块必须指定为一个像素值，如页面宽度一般为 960px，如图 6-1-6 所示。过去，开发人员发现 960px 是最适合作为网格布局的宽度，因为 960 可以整除 3、4、5、6、8、10、12 和 15。现在，在 Web 开发中比较普遍使用固定宽度布局，因为这种布局具有很强的稳定性与可控性。但是使用固定布局的同时也有一些劣势，固定宽度必须考虑网站是否适用于不同的屏幕宽度。

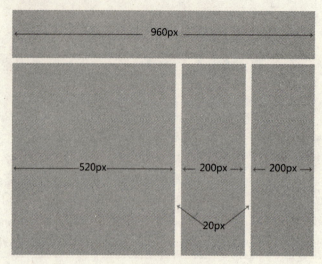

图 6-1-6 固定布局

（2）流式布局。

流式布局与固定宽度布局基本不同点就在于对网站尺寸的测量单位不同。固定宽度布局使用的是像素，而流式布局使用的则是百分比，如图 6-1-7 所示，这为网页提供了很强的可塑性和流动性。换句话说，通过设置百分比，在网页设计的过程中不用考虑设备尺寸或屏幕宽度，就可以为每种情形找到一种可行的解决方案，因为它可适应所有的设备尺寸。流式布局与媒体查询和优化样式技术密切相关。

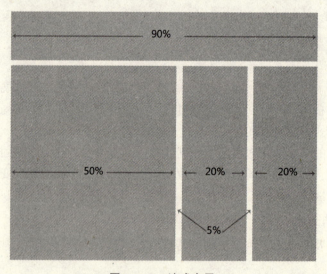

图 6-1-7 流式布局

（3）弹性布局。

弹性布局是 CSS3 引入的新布局模式。它决定了对象如何在页面上排列，使它们能在不同的屏幕尺寸和设备上可预测地展现出来。

（4）响应式布局。

使用@ media 媒体查询可给不同尺寸和介质的设备切换不同的样式。优秀的响应式设计可以给适配范围内的设备提供更好的浏览体验。

二、CSS 盒子模型

微课视频：CSS 盒子模型基础

盒子模型是 DIV+CSS 页面布局最核心的基础知识，只有深入理解浏览器盒子模型，才能更有效地进行页面布局。

1. CSS 盒子模型与概念

CSS 盒子模型又称为框模型（Box Model），包含了对象内容（content）、内边距（padding）、边框（border）、外边距（margin）等几个要素，如图 6-1-8 所示。

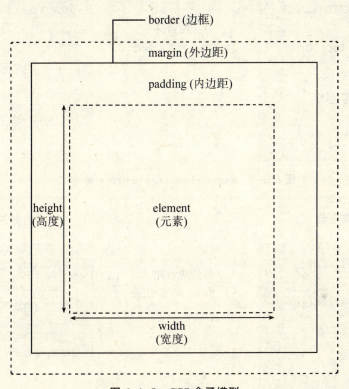

图 6-1-8 CSS 盒子模型

图 6-1-8 中最内部的框是对象的实际内容，即对象框，紧挨着对象框外部的是内边距（padding），其次是边框（border），最外层是外边距（margin），构成了整个框模型。通常设置的背景显示区域就是内容、内边距和边框。而外边距（margin）是透明的，不会遮挡周边的其他对象。

对象框的总宽度＝对象（element）的宽度（width）+内边距（padding）的左边距和右边距的值+外边距（margin）的左边距和右边距的值+边框（border）的左右宽度

对象框的总高度＝对象（element）的高度（height）+内边距（padding）的上下边距的值+外边距（margin）的上下边距的值+边框（border）的上下宽度

2. CSS 外边距合并（叠加）

当两个上下方向相邻的对象框垂直相遇时，外边距会合并，合并后的外边距的高度等于两个发生合并的外边距中较高的边距值，如图 6-1-9 和图 6-1-10 所示。

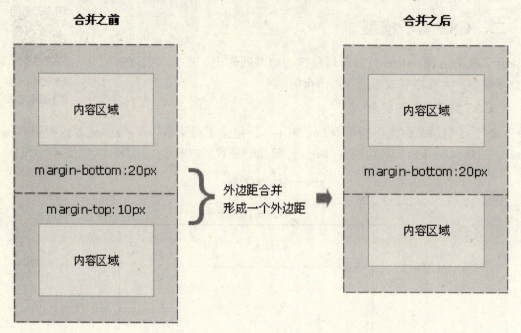

图 6-1-9　margin-bottom 与 margin-top 合并

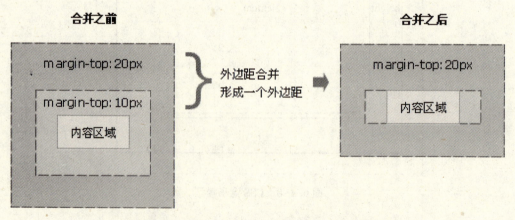

图 6-1-10　margin-top 与 margin-top 合并

3. box-sizing 属性介绍

box-sizing 属性是用户界面属性的一种，这个属性和盒子模型相关，而且在 css reset 中可能会用到。

box-sizing：content-box | border-box | inherit；

（1）content-box，默认值，可以使设置的宽度和高度值应用到对象的内容框。盒子的 width 只包含内容。

即总宽度＝margin+border+padding+width

（2）border-box，设置的 width 值其实是除 margin 外的 border+padding+element 数值的总宽度。盒子的 width 包含 border+padding+内容。

即总宽度＝margin+width

很多 CSS 框架，都会对盒子模型的计算方法进行简化。

（3）inherit，规定应从父对象继承 box-sizing 属性的值。

关于 border-box 的使用：一个 box 宽度为 100%，想要两边有内间距，此时使用会比较好；全局设置 border-box 很好，首先它符合直觉，其次可以省去设计者反复的修改，还能让有边框的盒子正常使用百分比宽度。

三、块级对象与行内对象

HTML 中的对象可分为两种类型：块级对象和行内对象。这些对象的类型是通过文档类型定义（DTD）来指明的。

块级对象是显示在一块内，会自动换行，对象从上到下垂直排列，各自占一行，如 p、ul、form、div 等标签对象。行内对象是指对象在一行内水平排列，高度由对象的内容决定，height 属性不起作用，如 span、input 等对象。

1. 块级对象：block element

每个块级对象默认占一行高度，一行内添加一个块级对象后无法添加其他对象（float 浮动后除外）。两个块级对象连续编辑时，会在页面自动换行显示。

块级对象一般可嵌套块级对象或行内对象；块级对象一般作为容器出现，用来组织结构，但并不全是如此。有些块级对象只能包含块级对象，如<form>。其他的块级对象则可以包含行级对象，如<p>。也有一些则既可以包含块级，又可以包含行级对象，如<div>、<li>。

DIV 是最常用的块级对象，对象样式的 display：block 都是块级对象。它们总是以一个块的形式表现出来，并且与同级的兄弟块依次竖直排列，左右撑满。

2. 行内对象

行内对象又称为内联对象、内嵌对象。行内对象一般都是基于语义级（semantic）的基本对象，只能容纳文本或其他内联对象，常见内联对象"a"。例如，SPAN 对象、IFRAME 对象和对象样式的 display：inline 都是行内对象。又如，文字这类对象，各个字母之间横向排列，到最右端自动折行。

3. 行内对象与块级对象的区别

区别一：

块级对象：块级对象会独占一行，默认情况下宽度自动填满其父对象宽度。

行内对象：行内对象不会独占一行，相邻的行内对象会排在同一行。其宽度随内容的变化而变化。

区别二：

块级对象：块级对象可以设置宽和高。

行内对象：行内对象不可以设置宽和高。

区别三：

块级对象：块级对象可以设置 margin 和 padding。

行内对象：行内对象水平方向的 margin-left、margin-right、padding-left、padding-right 可以生效。但是竖直方向的 margin-bottom、margin-top、padding-top、padding-bottom 却不能生效。

区别四：

块级对象：display：block。

行内对象：display：inline。

可以通过修改 display 属性来切换块级对象和行内对象。

 知识要点

一、行内对象与块级对象的特点

1. 块级对象的特点

（1）总是在新行上开始。

（2）高度、行高及外边距和内边距都可以控制。

（3）宽度默认为它的容器的 100%，除非设定一个宽度。

（4）它可以容纳内联元素和其他块元素。

2. 行内对象的特点

（1）与其他元素都在一行上。

（2）高、行高及外边距和内边距不可改变。

（3）宽度就是它的文字或图片的宽度，不可改变。

（4）内联元素只能容纳文本或其他内联元素。

对行内元素，需要注意如下几点。

（1）设置宽度 width 无效。

（2）设置高度 height 无效，可以通过 line-height 来设置。

（3）设置 margin 只有左右 margin 有效，上下无效。

（4）设置 padding 只有左右 padding 有效，上下则无效。注意元素范围是增大了，但是对元素周围的内容是没有影响的。

二、常见的行内对象与块级对象

1. 常见的块状元素

常见的块状元素如下。

address：地址。

blockquote：块引用。

center：居中对齐块。

dir：目录列表。

div：常用块级容易，也是 CSSlayout 的主要标签。

dl：定义列表。

fieldset：form 控制组。

form：交互表单。

h1：大标题。

h2：副标题。

h3：3 级标题。

h4：4 级标题。

h5：5 级标题。

h6：6 级标题。

hr：水平分隔线。

isindex：inputprompt。

menu：菜单列表。

noframes：frames 可选内容（对于不支持 frame 的浏览器显示此区块内容）。

noscript：可选脚本内容（对于不支持 script 的浏览器显示此内容）。

ol：有序表单。

p：段落。

pre：格式化文本。

table：表格。

ul：无序列表。

2. 常见的行内对象

常见的行内对象如下。

a：锚点。

abbr：缩写。

acronym：首字。

b：粗体（不推荐）。

bdo：bidioverride。

big：大字体。

br：换行。

cite：引用。

code：计算机代码（在引用源码时需要）。

dfn：定义字段。

em：强调。

font：字体设定（不推荐）。

i：斜体。

img：图片。

input：输入框。

kbd：定义键盘文本。

label：表格标签。

q：短引用。

s：中事线（不推荐）。

samp：定义范例计算机代码。

select：项目选择。

small：小字体文本。

span：常用内联容器，定义文本内区块。

strike：中划线。

strong：粗体强调。

sub：下标。

sup：上标。

textarea：多行文本输入框。

tt：电传文本。

u：下划线。

学习单元二　DIV+CSS 布局

DIV 全称 division，意为"区分"，使用 DIV 的方法和使用其他标签的方法一样。如果单独使用 DIV 而不加任何 CSS，那么它在网页中的效果和使用<P></P>标签是一样的。DIV 本身就是容器性质的，不但可以内嵌 table，还可以内嵌文本和其他的 HTML 代码。在网页制作时采用 CSS 技术，可以有效地对页面的布局、字体、颜色、背景和其他效果实现更加精确地控制。只要对相应的代码做一些简单的修改，就可以改变同一页面的不同部分，或者不同网页中调用的同一页面模块的外观和格式。

CSS 的页面布局属性主要有 4 个：margin、padding、align 和 float。margin 属性和 padding 属性，分别指边距和填充，用来增加元素周围的空间；align 属性和 float 属性，分别指对齐和浮动属性，用于放置元素。下面主要介绍 margin 边距属性与 padding 填充属性。

1. margin 边距属性

Web 中的元素具有自己的一个矩形区域，margin 属性用于在这个矩形区域外再添加空白。

margin-top：设置上边距。

margin-right：设置右边距。

margin-bottom：设置下边距。

margin-left：设置左边距。

margin：将上、右、下、左作为单个属性进行设置。

margin-top：10px。

margin-right：10px。

或者是直接使用 margin 属性。

margin：15px（设置上、右、下、左的边距均为 15px）。

margin：10px、5px、0px、0px。

2. padding 填充

填充是在元素的矩形空间内添加空间，与边距属性的区别就在于添加的位置，边距是在矩形区域外添加空白，而填充是在矩形区域内添加与元素属性一样的内容。

它的使用和 margin 类似。

padding-top：设置上填充。

padding-right：设置右填充。

padding-bottom：设置下填充。

padding-left：设置左填充。

可以使用以上属性单独设置填充，也可以直接使用 padding 设置，用法与 margin 一样。

以下使用 DIV+CSS 对红、绿、蓝 3 个宽度相同但填充尺寸不同的色块进行布局，如图
6-2-1。代码实例如下。

```
<html>
<head>
<h1 style=" text-align: center" >This is my page. </h1>
<style type=" text/css" >
div {width: 250px; height: 250px; border: 1px solid #000000; color: black; font-
weight: bold; text-align: center;}
div#d1 {background-color: red; margin: 25px; padding: 10px; float: left;}
div#d2 {background-color: green; margin: 25px; padding: 30px; float: left;}
div#d3 {background-color: blue; padding: 50px; margin: 25px; float: left;}
</style>
</head>
<body>
<div id=" d1" >DIV#1</div>
<div id=" d2" >DIV#2</div>
<div id=" d3" >DIV#3</div>
</body>
</html>
```

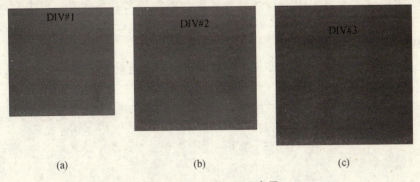

图 6-2-1   DIV+CSS 布局

（a）红色方块；（b）绿色方块；（c）蓝色方块

红色方块：padding10 像素。

绿色方块：padding30 像素。

蓝色方块：padding50 像素。

虽然 3 个方框最初高度和宽度设置都是 250px，250px，但是最终显示的 3 个方框大小是不同的，同时要注意文本 "DIV #~" 的位置。

但填充并不是改变了元素的大小，而是在元素的矩形区域内又进行了扩展，扩展部分与元素属性相同，因此看到的方框是大小不一的。

 知识要点

一、DIV+CSS 布局的优势

1. 代码简洁，加载速度更快

由于将大部分页面代码写在了 CSS 中，使得页面体积容量变得更小。相对于表格嵌套的方式，DIV+CSS 将页面独立成更多的区域，在打开页面时，逐层加载。而不像表格嵌套那样将整个页面放在一个大表格中，使得加载速度很慢。页面体积变小，浏览速度变快。

2. 修改设计时更有效率

由于使用了 DIV+CSS 制作方法，在修改页面时更加省时。根据区域内容标记，到 CSS 中找到相应的 ID，使得修改页面时更加方便，也不会破坏页面其他部分的布局样式。

3. 保持视觉的一致性

DIV+CSS 最重要的优势之一是保持视觉的一致性；以往表格嵌套的制作方法，会使得页面与页面，或者区域与区域之间的显示效果产生偏差。而使用 DIV+CSS 的制作方法，将所有页面，或者所有区域统一用 CSS 文件控制，就避免了不同区域或不同页面体现出的效果偏差。

4. 更好地被搜索引擎收录

由于将大部分的 HTML 代码和内容样式写入了 CSS 文件中，这就使得网页中正文部分更为突出明显，便于被搜索引擎采集收录。

5. 对浏览者和浏览器更具亲和力

网站的使用人是浏览者，DIV+CSS 对浏览者和浏览器更具亲和力。由于 CSS 含有丰富的样式，使页面更加灵活，它可以根据不同的浏览器，达到显示效果的统一和不变形。

二、DIV 标签的 align 属性

align 是定义 DIV 对象中内容的水平对齐方式。目前所有的浏览器均支持该属性。

案例代码如下。

```
<p>这是一个段落。没有规定对齐方式。</p>
<div style="text-align: center; border: 1px solid red">
这是 div 元素中的文本。
</div>
<p>这是一个段落。没有规定对齐方式。</p>
```

其运行结果如图 6-2-2 所示。

这是一个段落。没有规定对齐方式。

| 这是 div 元素中的文本。 |

这是一个段落。没有规定对齐方式。

图 6-2-2　align 属性运行效果

align 在代码中一般的语法结构为：<div align=" value" >，其中"value"的值可以为：left（左对齐）、right（右对齐）、center（居中对齐）、justif（两端对齐）。

学习单元三　弹性布局

弹性布局是 CSS3 的一种新布局模式，又称为"Flex 布局"，是由 W3C 于 2009 年推出的一种布局方式。CSS3 弹性布局是一种当页面需要适应不同的屏幕大小，以及设备类型时确保元素拥有恰当的行为的布局方式。

微课视频：**flex** 弹性布局概述

引入弹性布局模型可以更加有效地对一个容器中的子元素进行排列、对齐和分配空白空间，可以简便、完整、响应式地实现各种页面布局。

采用 Flex 布局的元素，称为弹性容器（flex container），简称"容器"。它的所有子元素自动成为容器成员，称为弹性项目（flex item），简称"项目"。

容器默认存在两根轴：水平的主轴（main axis）和垂直的交叉轴（cross axis）。主轴的开始位置（与边框的交叉点）称为 main start，结束位置称为 main end；交叉轴的开始位置称为 cross start，结束位置称为 cross end。项目默认沿主轴排列。单个项目占据的主轴空间称为 main size，占据的交叉轴空间称为 cross size。

 知识要点

弹性布局基本术语

Flex 布局模型如图 6-3-1 所示。

弹性容器（flex container）：设置 display：flex 或 display：inline-flex 的元素。

弹性项目（flex item）：弹性容器中所有在文档流中的子元素都被称为弹对象或弹性项目，弹性容器直接包含的文本被包覆成匿名弹性单元。定位元素和后代元素都不是弹性对象，但浮动元素是弹性对象。

轴（axis）：弹性对象沿其依次排列的那根轴，称为主轴（main axis）；垂直于主轴的轴，称为侧轴或交叉轴（cross axis）。

方向（direction）：主轴的起点为 main start，终点为 main end；交叉轴的起点为 cross start，终点为 cross end。

尺寸（size）：单个对象占据的主轴空间为 main size，占据的交叉轴空间为 cross size。

行（line）：弹性对象可以排布在单个行或多个行中。

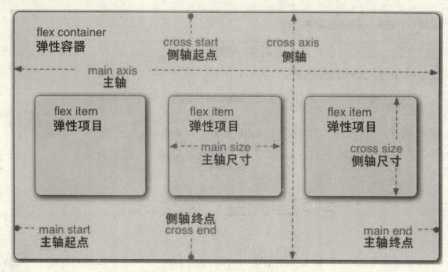

图 6-3-1　Flex 布局模型

学习单元四　响应式网页设计

一、响应式布局概念

　　响应式布局是 Ethan Marcotte 在 2010 年 5 月提出的概念，可以让用户通过各种尺寸的设备浏览网站获得良好的视觉效果。简而言之，就是一个网站能够兼容多个终端——而不是为每个终端做一个特定的版本。例如，在计算机端浏览某网站时展现效果如图 6-4-1（a）所示；在 pad 等大屏移动设备浏览该网站时如图 6-4-1（b）所示；而使用手机等小屏幕便携式移动设备浏览该网站时如图 6-4-1（c）所示，根据不同的设备定制不同的页面展现形式，可以提高用户的浏览体验。

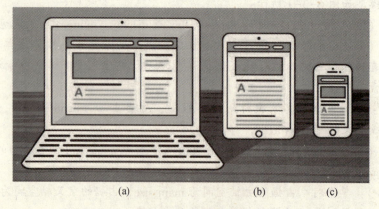

图 6-4-1　响应式布局

（a）计算机端浏览某网站；（b）pad 浏览某网站；（c）手机浏览某网站

响应式页面主要由以下几个关键的部分组成。

（1）在 head 部分可以通过 meta 的 name = " viewport"（视口），让 html 页面宽度根据设备分辨率产生自适应格式（cont = " width = devicewidth"）。这里也可以设置页面缩放比例，以及用户是否可以放大等功能。这样在不同的分辨率下，html 页面就可以实现响应式，如图 6-4-2 所示。

```
<meta name="viewport" content=
"width=device width,initial scale=1,user scalable=no"/>
```

图 6-4-2　响应式网页

width = devicewidth：宽度等于当前设备的宽度。

initialscale = 1：表示设置初始缩放比例（1.0）。

userscalable = no：设置用户是否手动缩放（默认为 yes，表示用户可以手动缩放，no 表示用户不可以手动缩放）。

（2）流体布局：就是在 PC 端设计时将 html 页面的宽度单位由 px（像素）调整为%（百分比）或 em（字体比列），这也是现在响应式主要体现的两种方式。

（3）流体图片：防止图片在不同的分辨率下，由于宽度和高度大小不适应会产生失真，因此在响应式网页设计过程中，一般给图片自适应样式设置 maxwidth：100%；这样图片可以根据不同的设备分辨率产生响应的样式。

（4）CSS3 媒体技术查询：这是响应式一个比较关键的技术。这也是响应式最核心的部分。

CSS Media 标准写法如图 6-4-3 所示。

```
@medio screen and(max-width:960px){
        body{
            background:#000;
        }
}
```

图 6-4-3　CSS Media 标准写法

这段代码表示当设备的宽度小于 960px 时，会执行下面 body｛background：#000；｝的 CSS 样式。

二、响应式网页布局案例

以下通过一个案例来具体实现响应式网页布局。

首先在 head 部分进行移动设备的响应定义：

meta name = " viewport" content = " initial-scale = 1，maximum-scale = 3，minimum-scale = 1，user-scalable = no

在 head 部样式表中添加代码：

```
@ media only screen and ( min-width：480px )
｛
. col-sm-6,. col-sm-12 ｛float：left；｝
. col-sm-12 ｛ width：100%；｝
. col-sm-6 ｛ width：50%；｝
｝
@ media only screen and (min-width：768px)
｛
. col-md-6,. col-md-12 ｛float：left；｝
. col-md-12 ｛ width：100%；｝
. col-md-6 ｛width：50%；｝
｝
```

本项目作为：

```
<div class ="  container" >
    <div class ="  col-md-12 col-sm-12 row" >
        <div class ="  col-md-6 col-sm-12 col-1 col" style =" background-color：Or-
ange；" >响应式布局是 Ethan Marcotte 在 2010 年 5 月提出的一个概念，可以让用户通过
各种尺寸的设备浏览网站获得良好的视觉效果。简而言之，就是一个网站能够兼容多个
终端——而不是为每个终端做一个特定的版本。</div>
        <div class ="  col-md-6 col-sm-12 col-2 col" style =" background-color：Lime；" >
响应式布局是 Ethan Marcotte 在 2010 年 5 月提出的一个概念，可以让用户通过各种尺寸
的设备浏览网站获得良好的视觉效果。简而言之，就是一个网站能够兼容多个终端——
而不是为每个终端做一个特定的版本。
        </div>
    </div>
</div>
```

min-width 指的是当屏幕尺寸大于当前值时样式生效。

col-md-6 col-sm-12 当屏幕尺寸大于 768px 时，子 div 宽度是父 div 的一半，所以是并排显示。当屏幕尺寸大于 480px 时，子 div 宽度和父 div 的宽度一样，显示效果如图 6-4-4 所示。图 6-4-5 所示为屏幕尺寸小于 480px 显示效果。

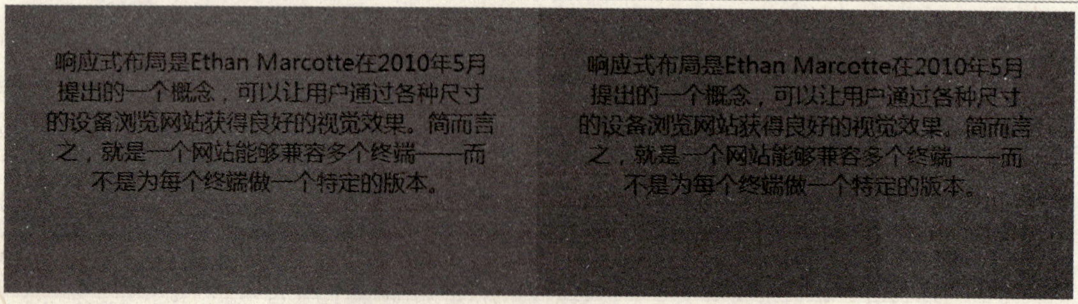

图 6-4-4　屏幕尺寸大于 480px 显示效果

图 6-4-5　屏幕尺寸小于 480px 显示效果

 **知识要点**

响应式布局的优缺点如下。

1. 优点

（1）面对不同分辨率设备灵活性强。

响应式布局能够快捷解决多设备显示适应问题。

（2）开发成本低，门槛低。

Native APP：Objective-C or Java，学习成本高。

Hybrid APP：外壳+Web APP，需要安装。

响应式 Web APP：HTML5+JS+CSS，门槛低，极易上手，迭代快。

（3）跨平台和终端且不需要分配子域。

虽然可通过监测用户 UA 来判断用户终端后做跳转，但它还是分配了多个域，而响应式无须监测用户 UA，没有域的切换，只需根据终端类型来适配不同的功能模块与表现样式。

它是跨平台和终端的，一个页面适配多终端。

PC-http：//qzone. com

Mobile-http：//m. qzone. com

响应式：PC & Mobile-http：//qzone. com 无须跳转

（4）本地存储。

Web APP 可以利用本地存储的特性将重要和重复的数据保存在本地，避免页面的重复刷新，减少重要信息在传输过程中的泄露，增量传输修改内容。

2. 缺点

（1）加载需要一定的时间。

在响应式设计中，需要下载一些看起来并不必要的 HTML/CSS。除此之外，图片并没有根据设备调整到合适大小，也是导致加载时间加倍的原因。

（2）优化搜索引擎。

对于响应式 Web 设计，为搜索引擎确定关键字不是一件容易的事。因为相较一般桌面用户，移动用户多采用不同的关键字，修改标题及其他事项都比较困难。

（3）时间花费。

开发响应式网站是一项耗时的工作。如果设计者计划把一个现有网站转化成响应式网站，可能耗时更多。如果设计者确实想要一个响应式网站，最好从草图开始重新设计。

 模块小结

本模块通过对常见的页面布局模式及方法的介绍，引导学生了解 DIV+CSS 这一目前主流的布局技术，对 DIV+CSS 的常见属性进行认知与熟练使用，并对随着移动互联网普及而广泛应用的弹性布局及响应式网页制作技术进行简单了解。

模块实训

一、实训概述

本实训为 DIV+CSS 两列式布局网页及响应式布局网页制作，学生通过认真分析教师提供的素材案例，并结合本书知识内容的学习，使用 DIV+CSS 实现两列式布局网页及响应式布局网页制作。

二、实训流程图

实训流程图如图 6-5-1 所示。

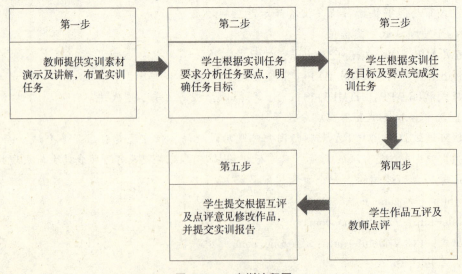

图 6-5-1　实训流程图

三、实训素材

（1）安装有 Dreamweaver 软件的学生用计算机若干。

（2）响应式网页素材包一个。

四、实训内容

步骤 1：教师讲解并演示两列式网页及响应式网页素材。

教师使用素材包资源演示两列式网页及响应式网页，并对其中代码进行详细讲解，学生认真听讲并做好笔记。

步骤 2：学生进行任务分析。

学生根据教师任务要求，分析实现两列式布局及响应式布局网页制作的方法和所需 CSS 样式。

步骤 3：学生进行两列式网页及响应式网页制作。

根据上一步分析，分别进行两列式及响应式网页制作。

步骤 4：相互点评及教师点评。

学生之间相互检查，发现问题并相互修改，教师对学生制作过程中具有代表性的问题进行点评和分析指正。

步骤 5：学生完成实训报告并提交作品。

学生完成页面制作并填写表 6-5-1，将最终页面及表 6-5-1 进行提交。

表 6-5-1　网页布局项目实训表

项目	两列式网页	响应式网页
所需 CSS 样式及具体属性列举		
页面代码		
CSS 样式		

五、实训报告

根据要求完成实训报告，然后提交给教师。

模块七　Dreamweaver 模板应用

模块概述

　　网站是围绕某一主题的相关资源的集合，网站建设就是设计这些资源，然后通过超级链接将这些资源进行整合。但通过观察可以发现，同一网站内很多页面的布局结构和色彩搭配几乎是相同的，甚至部分内容也相同。如果对这些页面进行单独设计，不仅工作量巨大，效率低下，而且也会给网站后续的修改与维护带来困难。如果将每个页面的布局结构、色彩搭配和共性内容存放在模板中，并通过模板来生成

微课视频：Dreamwaver
模板概述

页面则可较为理想地解决上述问题。本模块通过讲解 Dreamweaver 模板的功能，以及模板创建、套用、更新、分离相关操作，使学生掌握 Dreamweaver 模板技术的应用。

学习目标

☞ **知识目标**

1. 了解 Dreamweaver 模板的功能。
2. 理解模板与页面之间的联系。

☞ **能力目标**

1. 掌握创建模板的方法。
2. 能够通过套用模板制作网页。
3. 能够通过修改模板更新网页。
4. 能够对套用模板的页面进行模板分离。

模块分解

学习单元一　Dreamweaver 模板技术

　　在 Dreamweaver 中，批量设计网页可使有网页模板。模板是网站中用于制作网页的母版，模板只含有页面的整体布局、色彩搭配，即所有页面的共有信息。

　　在 Dreamweaver 中，模板是一种特殊类型的文档，扩展名为 .dwt。创建的模板会默认保存在当前站点文件夹下的 Templates 文件夹内。

一、Dreamweaver 模板功能

设计人员可以基于模板创建具体的页面，所创建的页面会自动应用模板的相关信息，设计人员通过模板中设置的可编辑区域，就可以在创建的页面中添加个性化的内容。

模板的功能主要有以下 3 点。

（1）模板可实现页面布局与页面内容编辑的分离。

（2）对于风格相同的多个页面，用户只需要进行页面内容的编辑，而无须重复进行页面外观的设计，提高了网站设计的效率。

（3）通过模板的更新功能，可实现网站页面风格的快速更新，有效地提高了网站管理与维护的效率。

二、Dreamweaver 模板创建

在 Dreamweaver 中，创建模板文档的方法有两种：一种方法是使用"文件"菜单创建模板；另一种方法是将普通网页另存为模板。

1. 使用"文件"菜单创建

使用"文件"菜单创建模板的操作步骤如下。

步骤 1：执行"文件"→"新建"命令，打开如图 7-1-1 所示的"新建文档"对话框，设置文件类型为"</>HTML 模板"、布局为"<无>"，然后单击"创建"按钮。

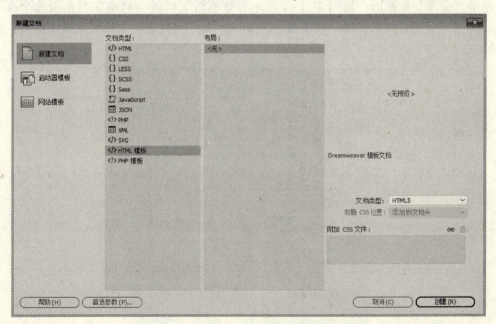

图 7-1-1 新建文档

步骤 2：创建一个可编辑区域，执行"插入"→"模板"→"可编辑区域"命令，打开如图 7-1-2 所示的"新建可编辑区域"对话框，输入可编辑区域的名称（默认名称为 EditRegion1），单击"确定"按钮，就可以在模板中插入一个可编辑区域。

步骤3：执行"文件"→"保存"命令，打开如图7-1-3所示的"另存模板"对话框，在"站点"下拉列表中选择"江西特产商贸"选项，在"另存为"文本框中输入模板名称，如"muban1"，单击"保存"按钮。

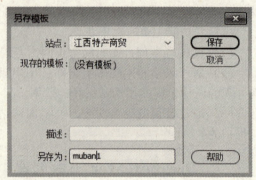

图7-1-2 "新建可编辑区域"对话框　　　　**图7-1-3 "另存模板"对话框**

"另存模板"对话框中的各部分含义如下。

（1）站点：后面列出了本地设置的所有站点，可以选择模板要保存的站点。

（2）现存的模板：列出当前站点中所有的模板文件。

（3）描述：可对当前模板输入描述性文字。

（4）另存为：可对当前模板命名，如"muban1"。

单击"保存"按钮后，如图7-1-4所示，该模板文档就会自动保存在所选站点中的Templates文件夹中，如果首次保存模板，Templates文件夹会自动生成。模板文件的扩展名为.dwt。

图7-1-4 "muban1"模板被保存在Templates文件夹内

2. 将普通网页另存为模板

以江西特产商贸编辑好的网页为例，该网页也可以另存为模板，操作步骤如下。

步骤1：双击"江西特产商贸"站点下的"fengmi"，打开一个关于"江西土蜂蜜"的网页,如图 7-1-5 所示。

图 7-1-5　江西特产商贸编辑好的一个网页

　　步骤 2:执行"文件"→"另存模板"命令,在"另存为"文本框中输入文件名
"muban2",单击"保存"按钮,如图 7-1-6 所示。如果页面已经有图像等内容,会出现更
新链接提示框,如图 7-1-7 所示,单击"是"按钮,此时原网页文档会自动保存为扩展名
为.dwt 的模板文件,并且添加在 Templates 文件夹中,如图 7-1-8 所示。

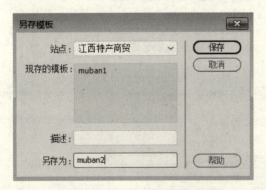

图 7-1-6　"另存模板"对话框

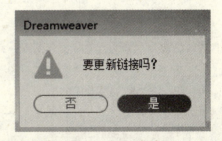

图 7-1-7　是否更新链接

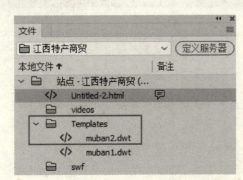

图 7-1-8　"muban2"模板被保存在 Templates 文件夹内

商务网页设计与制作

步骤3：如果把江西土蜂蜜网页的页面布局作为模板，则其他单个产品也可以使用该页面布局，需要把关于江西土蜂蜜的图片及文字的区域都设置为可编辑区域，执行"插入"→"模板"→"可编辑区域"命令，即可插入可编辑区域，设置后的效果如图7-1-9所示。删除可编辑区域内多余的文字或图片，如图7-1-10所示。

图7-1-9　设置江西土蜂蜜模板中的可编辑区域

图7-1-10　删除模板中可编辑区域内的内容

步骤4：插入可编辑区域后保存。

知识要点

一、可编辑区域

可编辑区域是网页进行个性化设置的区域，网页模板文档有"可编辑区域"。如果没有可编辑区域，那么套用该模板的页面就无法进行编辑。没有可编辑区域的模板也就失去了模板的功能。

当没有可编辑区域的模板保存时，Dreamweaver 会提示设计人员，弹出如图 7-1-11 所示的对话框。

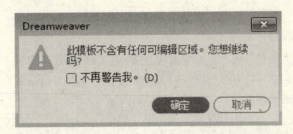

图 7-1-11　提示模板不含有任何可编辑区域

如果一个模板中可编辑区域过多或可编辑区域插入错误，需要删除多余或错误的可编辑区域。其方法是将鼠标指针放置在可编辑区域并右击，在弹出的快捷菜单中选择"模板"→"删除模板标记"命令，如图 7-1-12 所示。

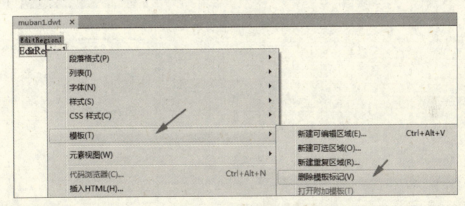

图 7-1-12　删除模板标记

二、制作模板的技巧

技巧一：制作模板和制作一个普通的页面完全相同，只是不需要把普通页面的所有部分都做好，仅仅需要设计出导航条、标题栏等各个页面的公有部分，而中间区域则用页面的具体内容来填充。

技巧二：制作者可以先下载一个自己喜欢的网页，然后在 Dreamweaver 中打开它，仅保留框架等元素，将其保存为模板，这样能够省去很多制作模板的时间。

学习单元二 Dreamweaver 模板的应用

一、Dreamweaver 模板套用

当模板创建好后，就可以使用此模板来创建风格统一、布局相同的网页。模板的套用主要有两种，分别是创建基于模板的网页和在现有的网页中应用模板。

动画视频：**Dreamweaver 模板应用**

1. 创建基于模板的网页

执行"文件"→"新建"命令，在出现的新建文档对话框中选择"网站模板"选项，站点选择"江西特产商贸"选项，模板选择之前保存好的"muban2"，单击"创建"按钮，如图 7-2-1 所示，这样就创建了一张基于模板的网页。

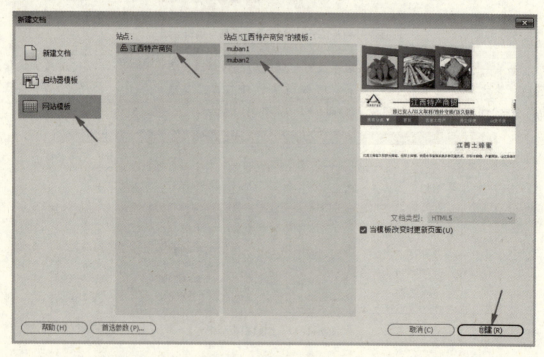

图 7-2-1 创建网站模板文档

套用模板的页面右上角会出现"模板：muban2"的字样。鼠标指针放置在可编辑区域中，可以编辑相关内容，如输入"江西井冈山竹笋……"等文字，插入相关的图片，如图 7-2-2 所示。

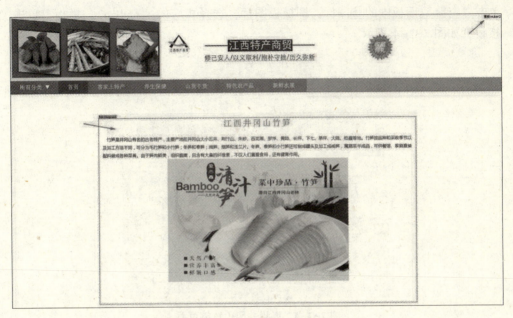

图 7-2-2　编辑井冈山竹笋页面

2. 在现有的网页中应用模板

打开要应用模板的页面，如图 7-2-3 所示。

图 7-2-3　打开江西豆腐乳的页面

单击"资源"面板中的图标，即模板图标，选择相应的"muban2"模板，单击"应用"按钮，如图7-2-4所示。

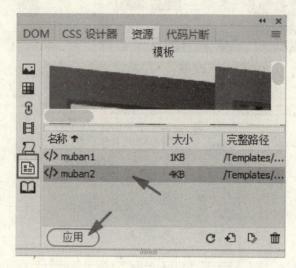

图7-2-4 编辑井冈山竹笋页面

在应用模板之前，Dreamweaver还会弹出"不一致的区域名称"对话框，如图7-2-5所示。目的是要确定原文件的内容将会对应模板的哪一个可编辑区域。因为muban2中只有一个可编辑区域EditRegion1，选择"EditRegion1"选项，然后单击"确定"按钮，当前页面就会套用muban2模板，如图7-2-6所示。

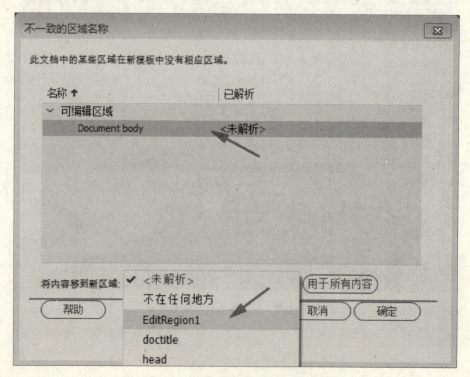

图7-2-5 "不一致的区域名称"对话框

图 7-2-6 套用 muban2 模板

二、Dreamweaver 模板更新

通常站点内套用模板的网页有很多，如果要批量修改这些网页的共同部分，可以通过修改模板来更新网页。以修改背景图像为例，具体操作步骤如下。

步骤 1：双击江西特产商贸站点下的"muban2"，打开模板页面，如图 7-2-7 所示。

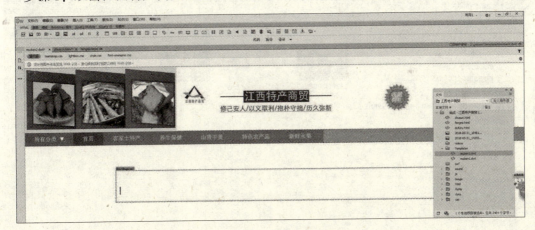

图 7-2-7 muban2 模板页面

步骤 2：单击属性栏中的"页面属性"按钮，如图 7-2-8 所示。

图 7-2-8 "页面属性"按钮

步骤 3：在打开的"页面属性"对话框中单击"背景图像"文本框后面的"浏览"按钮，选择背景素材包中的一张背景图片为模板页面背景，单击"确定"按钮，如图 7-2-9~图 7-2-11 所示。muban2 模板页面修改后如图 7-2-12 所示。

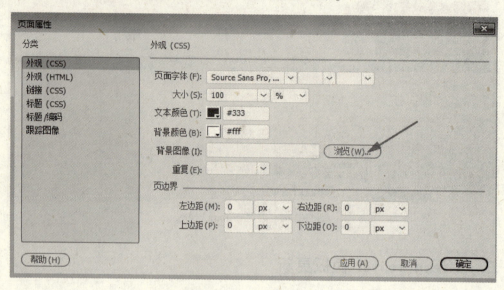

图 7-2-9 "浏览"按钮

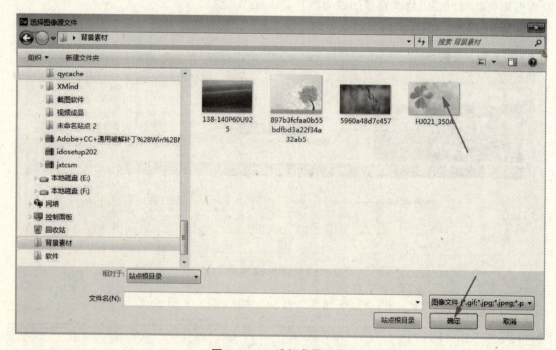

图 7-2-10 选择背景图片

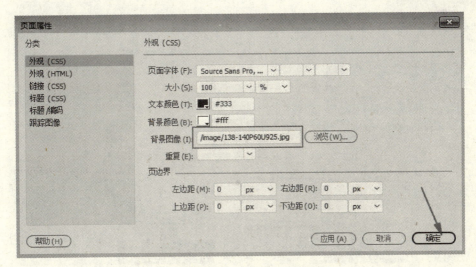

图 7-2-11　"确定"按钮

图 7-2-12　修改背景图像后的 muban2 模板

当模板被修改之后，在保存模板时，会弹出"更新模板文件"对话框，如图 7-2-13 所示，其中列出了所有与该模板有关联的网页名称，如"fengmi. html""zhusun. html""doufuru. html"。选择需要更新的页面，单击"更新"按钮，这些页面就会随之更新。例如，选择"fengmi. html""zhusun. html"选项，单击"更新"按钮。那么这两个页面就会更新为与模板一样的背景图像，如图 7-2-14 和图 7-2-15 所示。如果模板还没有修改完成，暂时不想更新页面，可以单击图 7-2-13 中的"不更新"按钮。

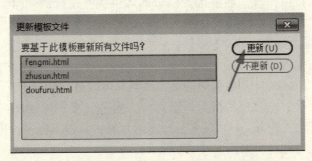

图 7-2-13　"更新模板文件"对话框

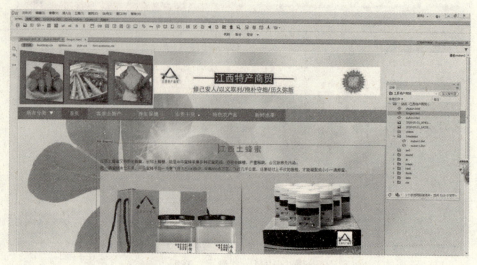

图 7-2-14　fengmi. html 页面背景更新

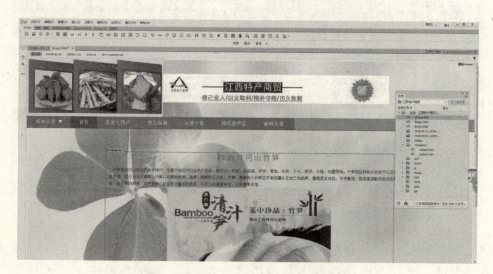

图 7-2-15　zhusun. html 页面背景更新

三、Dreamweaver 模板分离

　　如何使网页可以自由修改，而不再受模板的约束呢？这就需要对网页进行模板分离。例如对江西特产站点内的 fengmi. html 页面进行模板分离，执行菜单栏"工具"→"模板"→"从模板中分离"命令，这样就会使该页面与模板分离。

微课视频：Dreamweaver
模板应用与分离

　　在模板分离后，fengmi. html 页面中的很多区域都可以进行修改了，如更换图 7-2-16 所示的左上角海报为蜂蜜图片。首先，要删除原图片；然后，鼠标指针放置在 image 文件夹下蜂蜜图片处，长按鼠标左键拖动到页面的对应位置，即可完成海报图的替换，如图 7-2-17 所示。

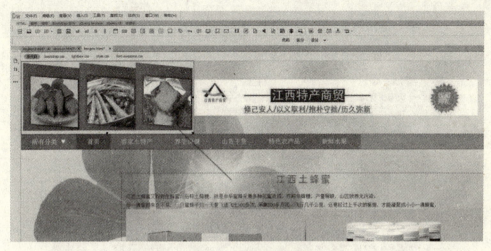

图 7-2-16　模板分离后

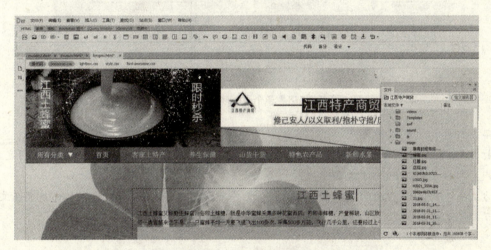

图 7-2-17　插入图片

 知识要点

一、套用模板的注意事项

1. 模板的保存

创建基于模板的网页时，只有保存在站点 Templates 文件夹中的模板才会在新建文档对话框中显示，所以保存模板时一定要保存在指定的站点中。

2. 多个可编辑区域时模板的应用

模板中的可编辑区域往往不止一个，除了 EditRegion1，可能还会有 EditRegion2、EditRegion3 等。在应用模板之前，这些区域名称就会出现在"将内容移到新区域"下拉列表内。选择"将内容移到新区域"下拉列表的一个区域，如 EditRegion3，那么页面上的内容就会出现在 EditRegion3 可编辑区域内，如图 7-2-18 所示。

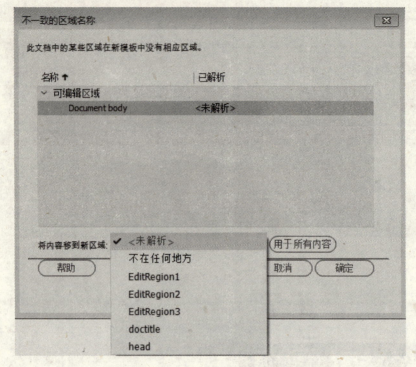

图 7-2-18　多个可编辑区域的选择

二、打开已有模板的方式

打开 Dreamweaver 软件，创建本地站点，把本次操作所涉及的文档复制到站点指定的文件夹内。打开已有模板的方式如下。

方式一：在文件活动面板中的 Templates 文件夹下，双击"</>muban1.dwt"模板文档，如图 7-2-19 所示。

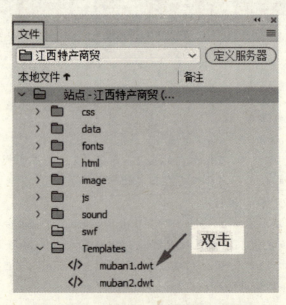

图 7-2-19　"文件"活动面板下打开模板

方式二：在"资源"活动面板，单击"模板"图标，然后双击"</>muban2"，如图7-2-20所示。

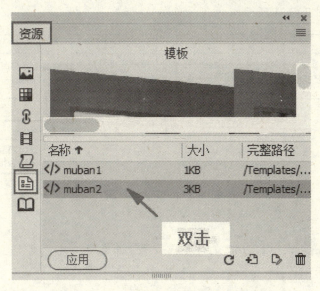

图 7-2-20　"资源"活动面板下打开模板

方式三：打开套用模板的网页，右上角可以看到套用的模板名。执行"工具"→"模板"→"打开附加模板"命令，如图7-2-21所示。

图 7-2-21　使用"工具"命令打开模板

 模块小结

本模块以讲解Dreamweaver模板技术应用为主。首先，讲解了Dreamweaver模板的功能；其次，引用案例，以实操为主，在Dreamweaver CC 2017中进行了模板创建、模板套用、模板更新和模板分离的相关操作演示。

本模块旨在让学生了解Dreamweaver的相关操作，并使其在以后从事网页设计工作中，可以熟练应用模板提高工作效率。

模块实训

一、实训概述

本部分为Dreamweaver模板技术应用实训，学生根据教师要求，结合本书知识内容完成对 Dreamweaver 模板创建、模板套用、模板更新、模板分离的操作演示，完成实训报告。

二、实训流程图

实训流程图如图 7-3-1 所示。

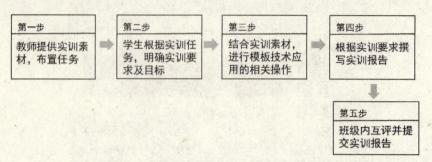

图 7-3-1　实训流程图

三、实训素材

（1）安装 Dreamweaver CC 2017 的计算机若干，并连网。

（2）站点文件夹。

四、实训内容

步骤 1：Dreamweaver 模板创建。

打开 Dreamweaver CC 2017，使用教师提供的"rygfqjd"站点文件夹新建站点，站点名称设置为"荣耀官方旗舰店"；将"html"文件夹内的"shouji.html"页面另存为模板"muban1"，为该模板创建可编辑区域后保存，完成效果如图 7-3-2 所示。

图 7-3-2　Dreamweaver 模板创建完成效果

步骤 2：Dreamweaver 模板套用。

创建基于"muban1"模板下的手环网页。插入 images 文件夹内的"手环"图片，输入文字"24 小时测心率手环，50 米防水设计，狂欢价 149 元限时抢购！"，并保存该网页到该站点"html"文件夹内，命名为"shouhuan_ muban1"，完成效果如图 7-3-3 所示。

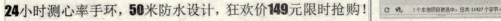

图 7-3-3　基于 "muban1" 模板下的荣耀手环网页

步骤 3：Dreamweaver 模板更新。

打开模板 "muban1"，选择 images 文件夹内的 "背景图 2" 更换模板背景图。在属性栏中设置 "收藏店铺" 图像下的背景色为黄色，并使 "shouhuan_ muban1.html" 更新，完成效果如图 7-3-4 和图 7-3-5 所示。

图 7-3-4　修改 "muban1" 模板

图 7-3-5　更新 shouhuan_ muban1. html

步骤4：Dreamweaver 模板分离。

对荣耀官方旗舰店站点内的 shouhuan_ muban1. html 页面进行模板分离。选择 images 文件夹内的"618 活动必买"海报，更换右边的粉丝专属的图片。并在海报顶部输入文字"618 活动必买"，完成效果如图 7-3-6 所示。

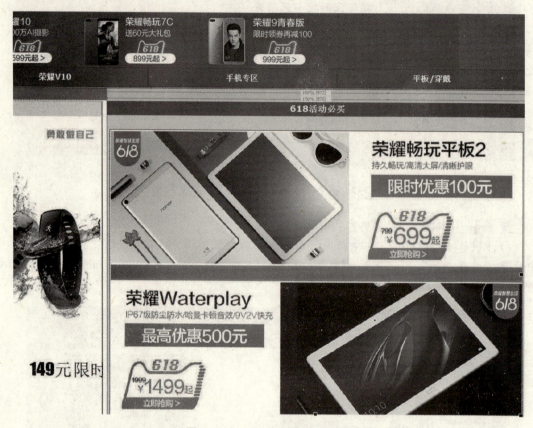

图 7-3-6 活动海报修改后效果

五、实训报告

根据要求完成实训报告，然后提交给教师。

模块八　静态商务网站发布

模块概述

使用 Dreamweaver 在本地搭建网站完成后，虽然本地浏览一切正常，但其他设备却无法通过网络对该网站进行访问。如果想在其他设备上正常浏览该网站，就需要在网络上发布网站。本模块从域名注册、主机租用等网站发布的基础知识开始讲解，带领学生深入学习如何将网站上传到服务器，并使用 IIS 发布站点。

☞ 知识目标

1. 掌握域名的概念和域名设计要求。
2. 掌握域名的注册步骤。
3. 掌握腾讯云服务器的申请步骤。
4. 了解腾讯云服务器配置的作用。
5. 熟悉网站备案的流程。

☞ 能力目标

1. 掌握使用 IIS 发布站点的技能。
2. 掌握上传本地站点的技能。

学习单元一　域名基础

动画视频：域名基础

在互联网上有数以亿计的网站站点，每一个站点或多个站点对应一个 IP 地址。假如用户需要访问某个网站站点，如何才能找到它呢？域名的出现很好地解决了这个问题，每个网站对应一个独立的域名。例如，用户想要访问网易门户时，直接输入 http://www.163.com 就可以进入网易的站点。域名就像网站的门牌号，那么域名如何申请呢？申请时有哪些注意事项？域名和站点如何对接呢？通过本单元知识的学习，学生将掌握关于网站域名的基础知识，为后期深入学习其他相关知识奠定基础。

一、域名概述

IP 地址是 Internet 主机作为路由寻址用的数字体标识。由于人不容易记忆，因此产生了域名（Domain Name）这一种字符型标识。域名又称为网域，是由一串用点分隔的字符串组成的 Internet 上某一台计算机或计算机组的名称，用于在数据传输时标识计算机的电子方位（有时也指地理位置）。

企业或商家通过网络进行商务活动或对自身进行宣传之前，注册域名是一个必不可少的环节，只有有了域名才能让网民通过 Internet 访问企业自身介绍、宣传的网站站点。所以，域名注册是商务网站发布的基础之一。

二、域名设计

域名设计是网站规划中很重要的一项工作，一般来说，一个易记、逻辑性强，从字面意思上就能够反映网站服务内容或宗旨的域名更能提升网站的形象，让用户记住这个网站，愿意向朋友介绍这个网站。因而域名设计要注意以下几点。

（一）域名命名规则

由于 Internet 上的各级域名是分别由不同机构管理的，因此各个机构管理域名的方式和域名命名的规则也有所不同。但域名的命名也有一些共同的规则，遵照共同规则设计的域名才能正常使用。

1. 域名中只能包含以下字符

（1）26 个英文字母。

（2）"0、1、2、3、4、5、6、7、8、9"这 10 个数字。

（3）"-"（英文中的连接符，但不能是第一个字符）。

（4）对于中文域名而言，还可以含有中文字符而且是必须含有中文字符（日文、韩文等域名类似）。

2. 域名中字符的组合规则

（1）在域名注册查询中，不区分英文字母的大小写和中文字符的简繁体。

（2）一个域名的长度是有一定限制的。

CN 域名注册命名的规则如下。

①遵照域名命名的全部共同规则。

②只能注册三级域名，三级域名用字母（A~Z，a~z，大小写等价）、数字（0~9）和连接符（-）组成，各级域名之间用实点（.）连接，三级域名长度不得超过 20 个字符。

③不得使用或限制使用以下名称（下面列出了一些注册此类域名时需要提供的材料）。

a. 注册含有"China""Chinese""cn""National"等，需经国家有关部门（指部级以上单位）正式批准。

b. 公众知晓的其他国家或地区名称、外国地名、国际组织名称不得使用。

c. 县级以上（含县级）行政区划名称的全称或缩写，需相关县级以上（含县级）人民政府正式批准。

d. 行业名称或商品的通用名称不得使用。

e. 他人已在中国注册过的企业名称或商标名称不得使用。

f. 对国家、社会或公共利益有损害的名称不得使用。

g. 经国家有关部门（指部级以上单位）正式批准和相关县级以上（含县级）人民政府正式批准，相关机构要出具书面文件表示同意××××单位注册×××域名。

（二）简洁，以4~8个英文字符为宜

目前广泛应用的域名都使用英文字母、数字和一些特殊符号，因此在设计域名时，特别是当网站主要面对国内市场时，英文字符一定不宜多，控制在4~8个为宜。

（三）逻辑性字母组合

为了便于记忆和传播，设计域名一般应选用逻辑字母组合，常用技巧是用企业名称或商标的汉语拼音、英文名称、英文缩写或以上的组合。例如，英语单词组合（如asiafriendfinder.com）、汉语拼音组合（如liujia.com）和其他逻辑性字母组合3种（如纯数字组合8888.com，字母加数字组合google123.net，英文加拼音的组合chinaren.com等）。

（四）避免使用"-"

这个"-"字符一般用于逻辑字母组合中，但由于在书写时容易混淆，因此除非有特殊逻辑含义，一般也不推荐使用。

（五）慎选后缀

域名后缀，又称为顶级域名，是指代表一个域名类型的符号。不同后缀的域名有不同的含义。目前域名共分为两类：国别域名（ccTLD），如中国的.cn、美国的.us、俄罗斯的.ru，以及国际通用域名（gTLD），如.com、.xyz、.top、.wang、.pub、.xin、.net等1 000多种，所有域名后缀作用无差异，仅外观和本身含义不同，但只有少数（如举例中的域名后缀）可以在国内支持网站的备案。

在域名选择上，国际顶级域名.com是最常见的域名。因此建议在域名选择时优先选择国际顶级域名.com后缀，也建议选择（如.net、.org、.com.cn等）比较常见的域名。

三、域名注册

国内注册域名的平台有很多，如阿里云、百度云、腾讯云、爱名网等平台都可以进行域名注册，注册步骤大同小异，下面以在阿里云上注册域名为例讲解域名注册方法。

首先，登录阿里云旗下域名网站https：//wanwang.aliyun.com/万网，如图8-1-1所示。

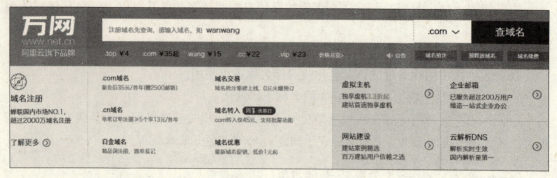

图 8-1-1　万网主页

（一）注册阿里云会员

单击阿里云主页左上角的"免费注册"超链接，设置会员名、设置密码及手机号等信息，并选中《阿里云网站服务条款》|《法律声明和隐私权政策》前的复选框，单击"同意条款并注册"按钮，如图 8-1-2 所示。

欢迎注册阿里云

设置会员名

设置你的登录密码

请再次输入你的密码

+86　请输入手机号码

»　请按住滑块，拖动到最右边

同意条款并注册

☐ 《阿里云网站服务条款》|《法律声明和隐私权政策》

图 8-1-2　阿里云会员注册

（二）注册域名

会员注册成功后，将自己所需注册的域名填写到页面输入框中，选择所需的域名后缀在输入框右侧单击"查域名"按钮，如图 8-1-3 所示。如果注册的域名没有被注册过，会显示"未注册"字样，如图 8-1-4 所示。单击域名右侧的"加入清单"按钮，在页面右侧的

"域名清单"中单击"立即结算"按钮就会进入域名"确认订单"界面，如图 8-1-5 和图 8-1-6 所示。

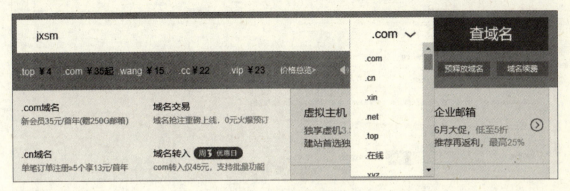

图 8-1-3　域名查询

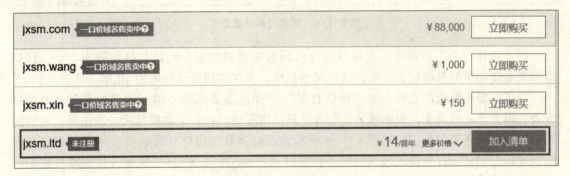

图 8-1-4　未注册域名

图 8-1-5　域名清单

图 8-1-6　域名订单确认页面

在"确认订单"页面可以选择所需注册域名的缴费年限，默认注册期限为 1 年，到期后如果希望继续拥有该域名，则需进行续费操作，单次注册最长年限为 10 年。

除了注册年限选择之外，在"确认订单"页面还需要选择并填写域名持有者。域名持有者可以为个人或企业，根据域名注册者的具体情况进行选择。如果是第一次注册，这里需要创建域名所有者信息。在如图 8-1-6 所示页面选择对应的持有者类型，单击"创建新的信息模板"超链接即可进入域名持有者信息录入页面，如图 8-1-7 所示，如实填写相关信息，单击"确定"按钮即可。

（三）支付域名费用

当域名注册信息填写完整后，单击域名"确认订单"页面中的"立即购买"按钮，即可进入支付页面，根据使用习惯选择支付方式，完成费用支付。如果注册信息真实有效并经域名管理中心信息核实后，域名注册持有者即可拥有该域名的使用权，完成域名注册。

注意，域名注册的所有者都是以域名注册提交人填写域名订单的信息为准的，注册成功 24 小时后，即可在国际（ICANN）、国内（CNNIC）管理机构查询 Whois 信息（即域名所有者信息）。

（四）域名解析

域名虽然好记，但机器间相互通信只能识别 IP 地址，因此域名地址与 IP 地址之间的转换工作称为域名解析，域名解析需要由专门的域名解析服务器来完成，整个过程是自动进行的。

域名注册成功之后，可以通过阿里云控制台或通过万网的域名自助解析平台 http：//diy. hichina. com/对域名进行解析操作（国内规定域名必须在中华人民共和国工业和信息化部进行 ICP 备案之后才能进行解析操作）、域名过户、域名信息修改和域名证书打印等管理操作。如图 8-1-8 所示，单击"解析"超链接即可进入域名解析操作页面。

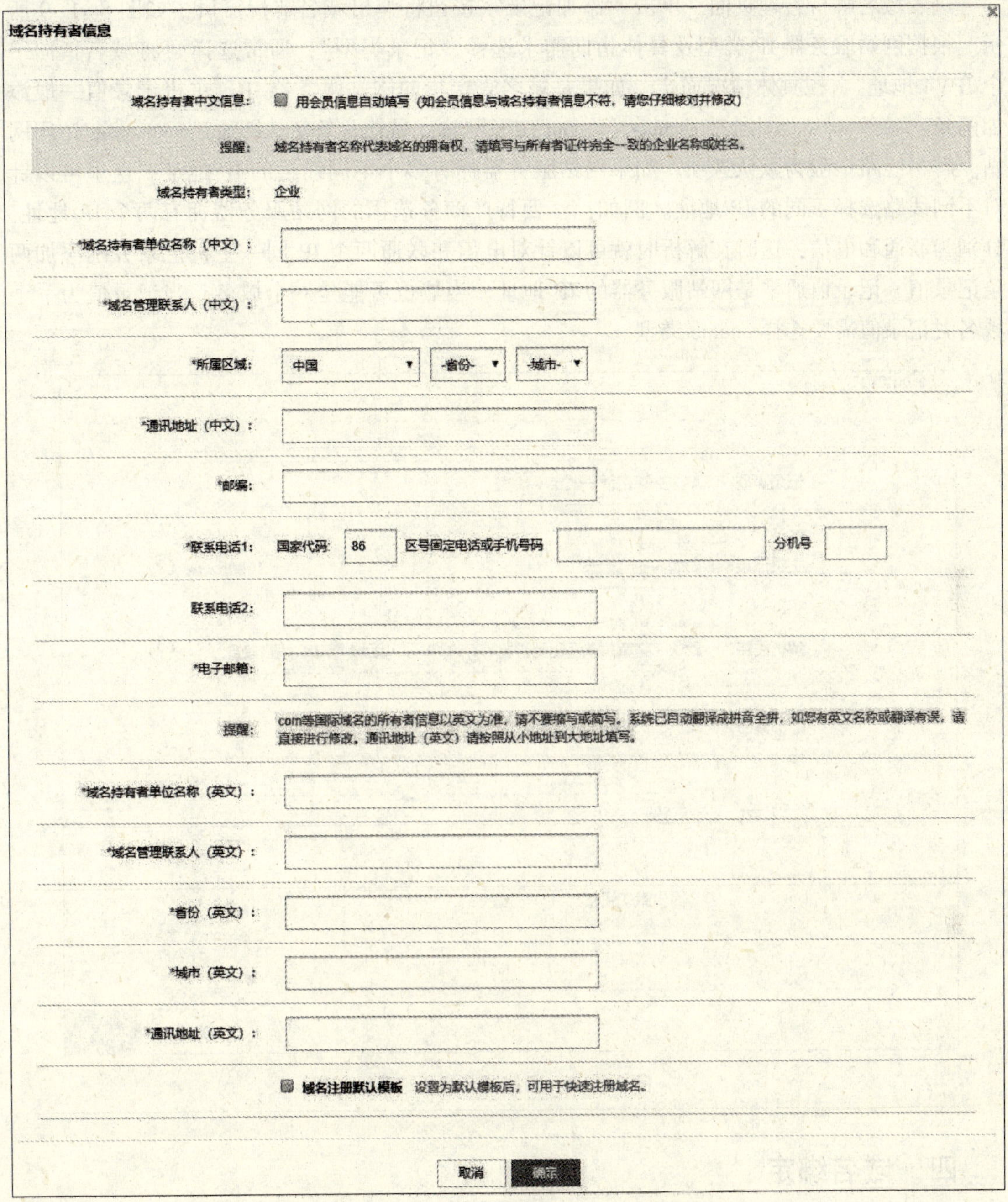

域名持有者信息   ×

域名持有者中文信息: ☐ 用会员信息自动填写 (如会员信息与域名持有者信息不符, 请您仔细核对并修改)

            提醒: 域名持有者名称代表域名的拥有权, 请填写与所有者证件完全一致的企业名称或姓名。

    域名持有者类型: 企业

*域名持有者单位名称 (中文):   ┌─────────────────────────┐
                        └─────────────────────────┘

*域名管理联系人 (中文):   ┌─────────────────────────┐
                        └─────────────────────────┘

    *所属区域: ┌─────────┐   ┌─────────┐   ┌─────────┐
                    │ 中国   ▼│   │-省份- ▼│   │-城市- ▼│
                    └─────────┘   └─────────┘   └─────────┘

*通讯地址 (中文):   ┌─────────────────────────┐
                        └─────────────────────────┘

        *邮编: ┌─────────────────────────┐
                        └─────────────────────────┘

    *联系电话1:   国家代码 ┌─────┐ 区号固定电话或手机号码 ┌────────────────────┐   分机号 ┌─────┐
                          │ 86 │   └────────────────────┘   └─────┘
                          └─────┘

    联系电话2:   ┌─────────────────────────┐
                        └─────────────────────────┘

    *电子邮箱: ┌─────────────────────────┐
                        └─────────────────────────┘

        提醒: com等国际域名的所有者信息以英文为准, 请不要缩写或简写。系统已自动翻译成拼音全拼, 如您有英文名称或翻译有误, 请
                    直接进行修改。通讯地址 (英文) 请按照从小地址到大地址填写。

*域名持有者单位名称 (英文):   ┌─────────────────────────┐
                        └─────────────────────────┘

*域名管理联系人 (英文):   ┌─────────────────────────┐
                        └─────────────────────────┘

    *省份 (英文):   ┌─────────────────────────┐
                        └─────────────────────────┘

    *城市 (英文):   ┌─────────────────────────┐
                        └─────────────────────────┘

*通讯地址 (英文):   ┌─────────────────────────┐
                        └─────────────────────────┘

            ☐ 域名注册默认模板 设置为默认模板后, 可用于快速注册域名。

                        ┌──────┐ ┌──────┐
                        │ 取消 │ │ 确定 │
                        └──────┘ └──────┘

图 8-1-7 域名持有者信息输入界面

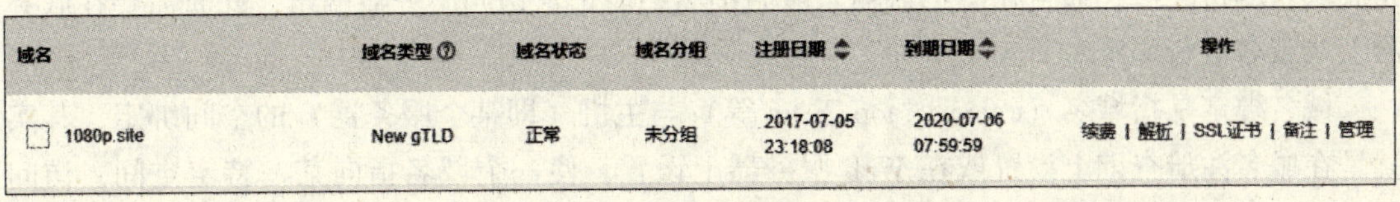

域名	域名类型 ⑦	域名状态	域名分组	注册日期 ⇕	到期日期 ⇕	操作
☐ 1080p.site	New gTLD	正常	未分组	2017-07-05 23:18:08	2020-07-06 07:59:59	续费 | 解析 | SSL证书 | 备注 | 管理

图 8-1-8 域名控制台

进入域名解析管理页面,单击"添加记录"按钮将弹出域名解析窗口,如图 8-1-9 所示。根据网站服务器 IP 类型及具体指向需求选择"记录类型",通常选择"将域名指向一个 IPV4 地址",视具体情况而定。如果是域名直接指向网站服务器 IP,主机记录值一般添加两条:一条 www,即通过 www. ×××. com 访问网站;另外一条@,即通过×××. com 访问网站。解析线路一般为默认选项。如果网站服务器拥有多个不同线路的 IP 地址,这里可以针对不同线路选择不同的 IP 地址。例如,江西特产商务选择的网站服务器拥有两个 IP 地址,分别为联通和电信,这时在解析时就可以针对电信和联通两个 IP 同一主机记录分别添加两条记录值。记录值通常是网站服务器的 IP 地址。当然也可能是一个域名,当记录值为一个域名时记录值需要选择 cname 类型。

添加记录 ×

记录类型: A- 将域名指向一个IPV4地址 ∨

主机记录: 清输入主机记录 .1080p.site ⑦

解析线路: 默认 - 必填! 未匹配到智能解析线路时,返回【默认】线路设置 ∨ ⑦

* 记录值: 清输入记录值

* TTL: 10 分钟 ∨

☐ 同步默认线路

取消 | 确定

图 8-1-9 添加域名解析记录

四、域名绑定

当对应 IP 的网站服务器上放置了多个网站站点或指定 Web 服务器使用的是共享 IP 时,完成域名解析之后,通常在浏览器输入域名仍然不能正常访问服务器网站,此时需要在服务器上对域名进行绑定。

域名绑定是指域名(.com、.top、.cn 等)与主机(即某个服务器)的空间绑定,其实就是在域名注册查询上设置或在 Web 服务器上设置,使一个域名指向某一特定空间,访问者访问指定的域名时就会打开存放在该空间上的网页。

一般空间服务商都会提供空间管理控制面板，控制面板有绑定域名的功能。大部分域名都是在域名注册查询会员管理中心，用户登录进去，一般在主机管理有相关域名绑定的信息。如果空间服务商没有提供控制面板，或者没有提供域名绑定的功能，网站负责人只能把域名发给空间服务商，让服务商手动操作去绑定域名。

知识要点

一、域名注册的重要性

随着 Internet 的发展，从企业树立形象的角度看，域名与商标有着潜移默化的联系。许多企业在选择域名时，往往希望用与自己企业商标一致的域名，域名比商标具有更强的唯一性。企业的域名也被商界誉为"企业的网上商标"，因而有着巨大的商业价值。

同时，由于域名在全世界具有唯一性，因此，尽早注册域名是十分必要的。企业如果想要通过互联网发展，只有通过注册域名，才能在互联网中确立自己的一席之地。由于国际域名在全世界是统一注册的，因此在全世界范围内，如果一个域名被注册，其他机构都无权再注册相同的域名。所以，尽管域名是网络概念，但它已经具有类似于产品的商标和企业标示物的作用。

二、域名结构

域名由若干个英文字母和阿拉伯数字构成，中间由点号分隔开。从右到左依次为顶级域名（或一级域名）、二级域名、三级域名、四级域名，域名的格式如图 8-1-10 所示，如在域名 http://news.sina.com.cn/ 中，顶级域名为 cn、二级域名为 com、三级域名为 sina、四级域名为 news。

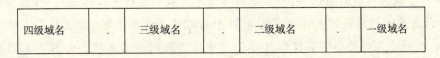

四级域名	.	三级域名	.	二级域名	.	一级域名

图 8-1-10　域名的格式

（1）目前互联网上的域名体系中共有两类顶级域名：一类是地理顶级域名，例如 .cn 代表中国，.jp 代表日本，.uk 代表英国等；另一类是类别顶级域名，一开始设计的类别顶级域名共有 7 个：.com（公司）、.net（网络机构）、.org（组织机构）、.edu（教育机构）、.gov（政府部门）、.arpa（美国军方）、.int（国际组织）。随着互联网的不断发展，新的顶级域名也根据实际需要不断被扩充到现有的域名体系中。新增加的顶级域名有 .biz（商业）、.coop（合作公司）、.info（信息行业）、.aero（航空业）、.pro（专业人士）、.museum（博物馆行业）、.name（个人）。

（2）二级域名是指顶级域名之下的域名。在顶级域名下，还可以再根据需要定义次一级的域名，如在我国的顶级域名 .cn 下又设立了 .com、.net、.org、.gov、.edu 及我国各个行政区划的字母代表，如 .BJ 代表北京，.SH 代表上海等二级域名。在国家顶级域名下，它是表示注册企业类别的符号。在国际顶级域名下，二级域名和下面的三级域名含义相同，是指域名注册人的网上名称，如 imb、yahoo、microsoft 等。

（3）三级域名，又称为商标域名，是企业域名设计的核心，由于其具有类似于产品的商标和企业的标识物的作用，它的重要性不言而喻。

三、域名注册管理机构

1. 域名注册管理机构

为了保证互联网络的正常运行和向全体互联网络用户提供服务，国际上设立了国际互联网络信息中心（The Internet Corporation for Assigned Names and Numbers，ICANN）为所有互联网用户服务。ICANN 是国际域名注册管理机构，是一个非营利性的国际组织，负责互联网协议（IP）地址的空间分配、协议标识符的指派、通用顶级域名、国家和地区顶级域名系统的管理，以及根服务器系统的管理。为了确保域名注册和解析途径的唯一性，避免发生域名冲突，通常每一个顶级域名都是由 ICANN 授权给一家特定机构来负责其注册管理的。在国际域名体系中，顶级域名中的地理顶级域名，通常是由相应国家或地区的互联网信息中心（NIC）负责的。例如，在我国 .CN 域名就是在中华人民共和国工业和信息化部的授权下 ICANN 具体负责的。

2. 中国域名管理体系

我国国务院信息化工作办公室（以下简称国务院信息办）是中国互联网域名体系的管理者，负责制定中国互联网域名管理的政策；负责认定、授权顶级域名 .cn 的运行管理及 .cn 以下域名的注册服务；负责监督各级域名的注册服务。中国互联网域名体系采取各国通常的做法，设置类别域名和行政区域名两套域名体系。

我国类别域名包括 6 类，即用于科研机构的 ac、用于工商金融企业的 com、用于教育机构的 edu、用于政府部门的 gov、用于互联网络信息中心和运行中心的 net、用于非营利组织的 org；行政区域名按我国国家标准，包括 34 个行政区，适用于省、自治区、直辖市。

CNNIC 工作委员会协助国务院信息办管理中国互联网域名系统，向国务院信息办提出有关域名管理方面的建议，并对域名管理工作的实施进行监督，CNNIC 是 CNNIC 工作委员会的日常办事机构。1997 年 4 月发布的《中国互联网络域名注册暂行管理办法》，是中国互联网域名体系的一个基本文件，《中国互联网络域名注册实施细则》是根据《中国互联网络域名注册暂行管理办法》制定的具体实施过程中的重要依据。

学习单元二　主机租用

在域名注册完成之后，就需要租用网站服务器（即主机）。国内比较大的主机服务商有腾讯云、百度云和阿里云等，本单元以"腾讯云服务器"购买为例来讲解。

一、腾讯云服务器申请

在购买腾讯云服务器前首先需要成为腾讯云的会员。

步骤1：登录腾讯云官网，单击"注册"按钮，进入注册页面，如图 8-2-1 所示。填写相关信息。

✉ 使用邮箱注册   微信、微信公众号、QQ免注册，快捷登录>>

邮箱地址

密码

确认密码

——— 联系手机 ———

+86   ∨   手机号码

验证码   获取验证码

☐ 我已阅读并同意 腾讯云服务协议 和 腾讯云隐私声明

同意协议并提交

图 8-2-1   腾讯云注册页面

步骤 2：前往填写的注册邮箱，激活账号。如果填写的是 QQ 邮箱，就要前往 QQ 邮箱激活账号，激活账号之后就可以开始在腾讯云选购服务器等产品了。

登录进入腾讯云服务器网站主页之后，选择"产品"菜单下的"云服务器"选项，如图 8-2-2 所示。即可进入"云服务器 CVM"配置页面，如图8-2-3所示。

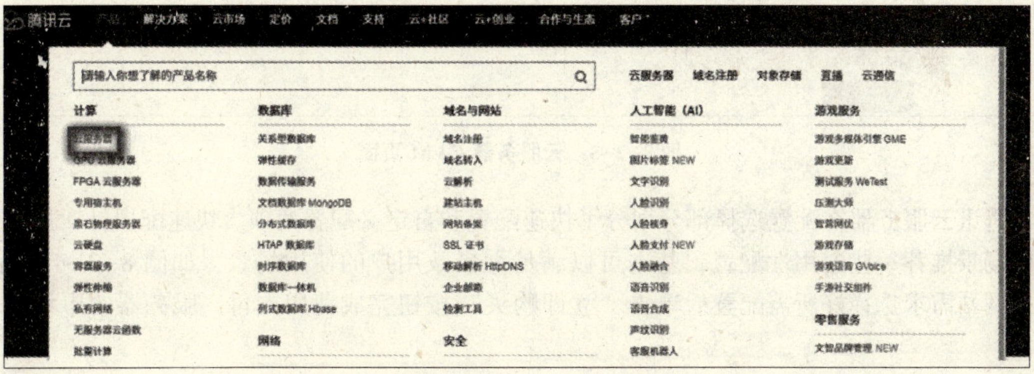

图 8-2-2   云服务器

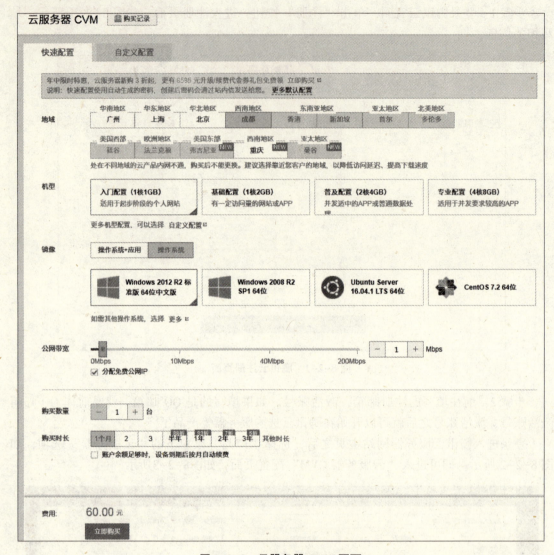

图 8-2-3　云服务器 CVM 页面

腾讯云服务器在配置选择部分划分了快速配置和自定义配置两项。快速配置针对用户常用的场景推荐一些通用性配置，基本可以满足大多数用户的使用场景，如图 8-2-4 所示。根据网站需求选择好所需配置后单击"立即购买"按钮完成费用支付，服务器的申请就完成了。

二、腾讯云服务器的快速配置

腾讯云服务器的申请过程虽然并不复杂，但是中间的配置环节究竟如何设置，每一项内容具体对服务器性能会产生哪些影响呢？以下将以腾讯云服务器的快速配置为例对服务器的配置进行详细讲解。

快速配置下包含地域、机型、镜像、公网宽带、购买数量、购买时长，以及最终的费用结算这几部分。

微课视频：测试
服务器配置

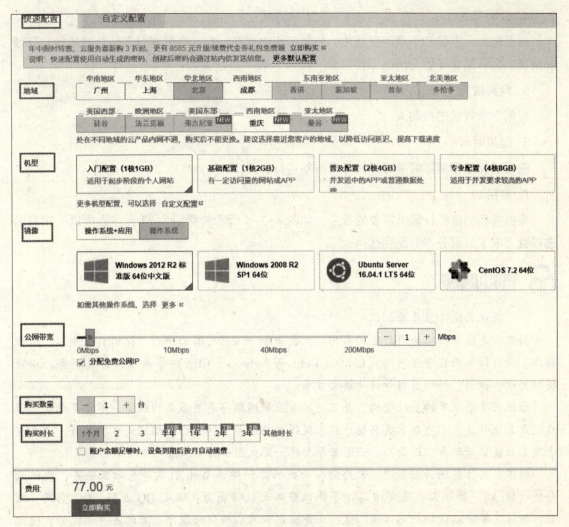

图 8-2-4 "快速配置"菜单

1. 地域

选择不同的服务器所在地域节点将对网站受众群体的访问速度产生影响。江西特产商贸网站的服务群体主要在江西省内，因此在选择时应尽量选择网络连接距离较近的地域，以避免网络延时。

2. 机型

机型根据自己的实际需要进行选择，每一种机型的配置都有对应的要求。例如，入门配置（1 核 1GB）适用于起步阶段每天访问客流量不大的个人网站。

3. 镜像

镜像是服务器所需安装的系统及常用的服务器应用。整体分为两大类：Linux 系统（Ubuntu、CentOS）和 Windows 系统，根据自己网站程序类型选择操作系统。Windows 2012R2 标准版 64 位中文版是应用最普遍的镜像。

4. 公网带宽

带宽越大，上传和下载速度越快，当然费用也越高，在选择带宽时需结合网站的实际情况及访问高峰期访客数量情况综合考虑。

5. 购买数量

根据需求数量进行购买。

6. 购买时长

购买时长根据实际需求可以按月或按年进行购买。

7. 费用

根据前面的选择计算出需要的费用，如图8-2-4所示的费用为77元。完成以上项目的选择就完成了云服务器的配置选择。

 知识要点

一、腾讯云服务器基础知识

腾讯云是腾讯公司倾力打造的面向广大企业和个人的公有云平台，提供云服务器、云数据库、云存储和内容分发网络（Content Delivery Network，CDN）等基础云计算服务，以及提供游戏、视频、移动应用等行业解决方案。

腾讯云有着深厚的基础架构，并且对海量互联网服务有着多年的经验，不管是社交、游戏还是其他领域，都有众多成熟的产品来提供产品服务。腾讯在云端完成重要部署，为开发者及企业提供云服务、云数据、云运营等整体一站式服务方案。

腾讯云具体包括云服务器、云存储、云数据库和弹性Web引擎等基础云服务；腾讯云分析（MTA）、腾讯云推送（信鸽）等腾讯整体大数据能力；以及QQ互联、QQ空间、微云、微社区等云端链接社交体系。这些正是腾讯云可以提供给这个行业的差异化优势，造就了可支持各种互联网使用场景的高品质腾讯云技术平台。

二、腾讯云产品介绍

开发者通过接入腾讯云平台，可降低初期创业的成本，能更轻松地应对来自服务器、存储及带宽的压力。

（一）计算与网络

1. 云服务器

高性能、高稳定的云虚拟机，可在云中提供弹性可调节的计算容量，不被计算束缚可以轻松购买自定义配置的机型，在几分钟内获取到新服务器，并根据客户需要使用镜像进行快速的扩容。

2. 弹性云引擎

弹性云引擎（Cloud Elastic Engine，CEE）是一种Web引擎服务，是一体化Web应用运行环境，可弹性伸缩，是中小开发者的利器。通过提供已部署好php、nginx等基础Web环境，让客户仅需上传自己的代码，即可轻松地完成Web服务的搭建。

3. 负载均衡

腾讯云负载均衡服务，用于将业务流量自动分配到多个云服务器、弹性 Web 引擎等计算单元的服务，构建海量访问的业务能力，以及实现高水平的业务容错能力。腾讯云提供公网及内外负载均衡，分别处理来自公网和云内的业务流量分发。

（二）存储与 CDN

1. 云数据库

云数据库（Cloud Data Base, CDB）是腾讯云平台提供的面向互联网应用的数据存储服务。

2. NoSQL 高速存储

腾讯 NoSQL 高速存储，是腾讯自主研发的极高性能、内存级、持久化、分布式的 Key-Value 存储服务。NoSQL 高速存储以最终落地存储来设计，拥有数据库级别的访问保障和持续服务能力。支持 Memcached 协议，但能力比 Memcached 强，适用 Memcached、TTServer 的地方都适用 NoSQL 高速存储。NoSQL 高速存储解决了内存数据可靠性、分布式及一致性等问题，让海量访问业务的开发变得简单快捷。

3. 对象存储服务

对象存储服务（Cloud Object Service, COS），是腾讯云平台提供的对象存储服务。COS 为开发者提供安全、稳定、高效、实惠的对象存储服务，开发者可以将任意动态、静态生成的数据，存放到 COS 上，再通过 HTTP 的方式进行访问。COS 的文件访问接口提供全国范围内的动态加速，使开发者无须关注网络不同所带来的体验问题。

4. 内容分发网络

内容分发网络（Content Delivery Network, CDN）。腾讯 CDN 服务的目标与一般意义上的 CDN 服务是一样的，旨在将开发者网站中提供给终端用户的内容（包括网页对象，如文本、图片、脚本；可下载对象，如多媒体文件、软件、文档等）发布到多个数据中心的多台服务器上，使用户可以就近取得所需的内容，提高用户访问网站的响应速度。

（三）监控与安全

1. 云监控

腾讯云监控是面向腾讯云客户的一款监控服务，能够对客户购买的云资源及基于腾讯云构建的应用系统进行实时监测。开发人员或系统管理员可以通过腾讯云监控收集各种性能指标，了解其系统运行的相关信息，并做出实时响应，保证自己的服务正常运行。

腾讯云监控提供了可靠、灵活的监控解决方案，当用户首次购买云服务后，不需要任何设置，就可以获得基础监控指标，同时，也可以通过简单的步骤获取到更多的个性化指标。除了丰富的监控指标视图外，腾讯云监控还提供了个性化的告警服务，客户可以对任意监控指标自定义告警策略。通过短信、邮件、微信等方式，实时推送故障告警。

腾讯云监控也是一个开放式的监控平台，支持用户上报个性化的指标，提供多个维度，多种粒度的实时数据统计及告警分析。它还提供开放式的应用程序编程接口（Application Programming Interface, API），让客户通过接口也能够获取到监控数据。

2. 云安全

腾讯公司安全团队在处理各种安全问题的过程中积累了丰富的技术和经验，腾讯云安全将这些宝贵的安全技术和经验打造成优秀的安全服务产品，为开发商提供业界领先的安全服务。腾讯云安全能够帮助开发商免受各种攻击行为的干扰和影响，让客户专注于自己创新业务的发展，极大地降低了客户在基础环境安全及业务安全上的投入和成本。

3. 云拨测

云拨测依托腾讯专有的服务质量监测网络，利用分布于全球的服务质量监测点，对用户的网站、域名、后台接口等进行周期性监控，并提供实时告警，性能和可用性视图展示，智能分析等服务。

（四）大数据

1. TOD 大数据处理

TOD 是腾讯云为用户提供的一套完整的、开箱即用的云端大数据处理解决方案。开发者可以在线创建数据仓库，编写、调试和运行 SQL 脚本，调用 MR 程序，完成对海量数据的各种处理。另外开发者还可以将编写的数据处理脚本定义成周期性执行的任务，通过可视化界面拖曳定义任务间依赖关系，实现复杂的数据处理工作流。TOD 主要应用于海量数据统计、数据挖掘等领域。其已经为微信、QQ 空间、广点通、腾讯游戏、财付通、QQ 网购等关键业务提供了数据分析服务。

2. 腾讯云分析

腾讯云分析是一款专业的移动应用统计分析工具，支持主流智能手机平台。开发者可以方便地通过嵌入统计 SDK（软件开发工具包），实现对移动应用的全面监测，实时掌握产品表现，准确洞察用户行为。腾讯云分析不仅仅是记录，移动 APP 统计还分析每个环节，利用数据透过现象看本质。腾讯云分析还同时提供业内市场排名趋势、竞品排名监控等情报信息，让用户在应用开发运营过程中，知己知彼，百战百胜。

3. 腾讯云搜

腾讯云搜（Tencent Cloud Search）是腾讯公司基于搜索领域多年的技术积累，对公司内部各大垂直搜索业务的搜索需求进行高度抽象，把搜索引擎组件化、平台化、服务化，最终形成成熟的搜索对外开放能力，为广大移动应用开发者和网站站长推出的一站式结构化数据搜索托管服务。

（五）开发者工具

1. 移动加速

移动加速服务是腾讯云针对终端应用提供的访问加速服务，通过加速机房、优化路由算法和动态数据压缩等多重措施提升移动应用的访问速度及用户体验，并为客户提供了加速效果展示、趋势对比和异常告警等运营工具，以便随时了解加速效果。

2. 应用加固

应用加固服务是腾讯云依托多年终端安全经验，提供的一项终端应用安全加固服务。具有操作简单、多渠道监控、防反编译、防篡改、防植入和零影响的特点，帮助用户保护应用版权和收入。

3. 腾讯云安全认证

腾讯云安全认证是腾讯云提供的免费安全认证服务，通过申请审核的用户将获得权威的腾讯云认证展示，让用户的业务获得腾讯亿万用户的认可。通过提供免费安全服务，权威认证展示，腾讯云已为 2.6 万网站应用保驾护航。

4. 信鸽推送

信鸽（XG Push）是一款专业的免费移动 APP 推送平台，支持百亿级的通知/消息推送，秒级触达移动用户，现已全面支持 Android 和 iOS 两大主流平台。开发者可以方便地通过嵌入 SDK，通过 API 调用或 Web 端可视化操作，实现对特定用户推送，大幅提升用户活跃度，有效唤醒沉睡用户，并实时查看推送效果。

5. 域名备案

腾讯云备案服务，帮助用户将网站在中华人民共和国工业和信息化部系统中进行登记，获得备案证书将悬挂在网站底部。目前支持企业、个人、政府机关、事业单位和社会团体备案。

6. 云 API

云 API 是构建云开放生态重要的一环。腾讯云提供的计算、数据、运营运维等基础能力，包括云服务器、云数据库、CDN 和对象存储服务等，以及腾讯云分析（MTA）、腾讯云推送（信鸽）等大数据运营服务，都将以标准的开放 API 的形式提供给广大企业和开发者使用，方便开发者集成和二次开发。

7. 万象图片

万象图片是将 QQ 空间相册积累的 10 年图片经验开放给开发者，提供专业一体化的图片解决方案，涵盖图片上传、下载、存储和图像处理。

8. 维纳斯

维纳斯（Wireless Network Service）是专业的移动网络接入服务，使用腾讯骨干网络，全国 400 个节点，连通成功率 99.9%。

9. 云点播

云点播是腾讯云一站式视频点播服务，汇聚腾讯强大视频处理能力。它从灵活上传到快速转码，从便捷发布到自定义播放器开发，为客户提供了专业可靠的完整视频服务。

学习单元三　站点发布与测试

网站设计开发完成之后，在上传到服务器之前需要对网站进行严格的测试，以减少可能发生的错误。当网站测试完成之后，只需要通过上传服务器即可成功发布网站。

一、本地站点发布

很多应用程序都可以实现网站程序的本地发布，IIS 是众多此类程序中应用最广泛的一个。

互联网信息服务（Internet Information Services，IIS）是一种由微软公司提供的基于运行 Microsoft Windows 的互联网基本服务。其中包括 Web 服务器、FTP 服务器、NNTP 服务器和 SMTP 服务器，分别用于网页浏览、文件传输、新闻服务和邮件发送等方面。这里以使用 IIS 发布江西特产商贸为例进行介绍。

步骤 1：安装 IIS。选择"控制版面"→"程序"→"程序和功能"命令，单击左侧的"打开或关闭 Windows 功能"按钮，选中"Internet Information Services"复选框，单击"确定"按钮即可，如图 8-3-1 所示。

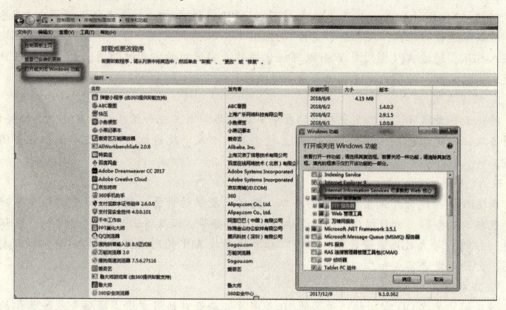

图 8-3-1　安装 IIS

步骤 2：进入 IIS 管理器。在"控制面板"下的系统和安全中选择"管理工具"→"IIS 管理器"选项。

步骤 3：新建站点。选择左侧的"网站"→"添加网站"选项，如图 8-3-2 所示。

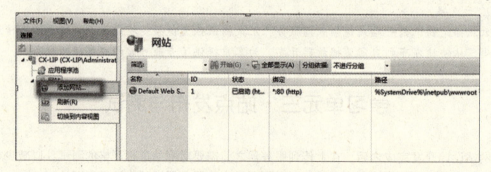

图 8-3-2　添加网站

步骤 4：添加网站资料。首先要填写网站名称，这里命名网站名称为 test。填写物理路径，这里的网站物理路径是在 C 盘的 website 中。填写 IP 地址，这里选择的地址是 192.168.38.17。对应的 80 窗口已经被运用，因此要修改窗口，更改窗口为 8080，单击"确定"按钮即可，如图 8-3-3 所示。

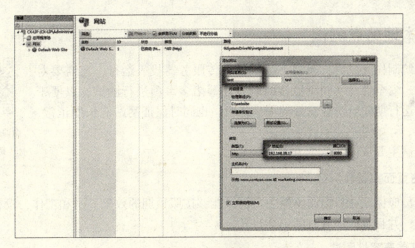

图 8-3-3　命名网站

步骤 5：浏览建立好的江西特产商贸网站页面，建立的网页标题是"IIS 本地服务器"，选择 test 下的"管理网站"中的"浏览"选项，如图 8-3-4 所示，浏览页面效果如图 8-3-5 所示。

图 8-3-4　浏览网站

图 8-3-5　页面效果

二、本地站点测试

网站系统制作完成后，通常不会直接上传服务器投入运行，还需要对网站的漏洞、安全性、不同浏览器的兼容性等诸多事项进行测试，以便于在网站正式运行期间给访客友好的用户体验，也同时保证网站能长期正常、安全地运行。

微课视频：站点
链接检测

网站测试主要从以下几个方面展开。

1. 网站页面完整性测试

开发人员应保证在目标浏览器中，网页能够按照预期的效果显示和工作，没有无效链接和错误链接，并且页面加载时间不会过长。

2. 浏览器兼容性测试

在使用不同的浏览器观看同一个页面时，有时会出现不同的显示效果或出现页面错乱等情况，测试人员需要将这些信息记录并反馈给开发人员，尽可能保证所有页面在主流浏览器中能够有统一的显示效果。

3. 功能性测试

针对网站的输入、上传、下载、验证等功能性操作进行测试，确保所有的功能能够正常使用。

4. 服务器稳定性和安全性测试

测试站点在访问和操作过程中是否会有异常现象出现，另外网站是否存在常见安全性问题。例如，通过简单操作即可从网站的漏洞获取到网站的隐私信息。

 知识要点

一、IIS 的作用

IIS 是把 World Wide Web server、Gopher server 和 FTP server 全部包容在其中。IIS 意味着能发布网页，并且有 ASP（Active Server Pages）、Java、VBscript 产生页面，有一些扩展功能。IIS 支持一些有趣的东西，像有编辑环境的界面（Frontpage）、有全文检索功能的（Index Server）、有多媒体功能的（Net Show）。其次，IIS 是随一起提供的文件和应用程序服务器，是在 Windows NT Server 上建立 Internet 服务器的基本组件。它与 Windows NT Server 完全集成，允许使用 Windows NT Server 内置的安全性及 NTFS 文件系统建立强大灵活的 Internet/Intranet 站点。IIS 使得在网络（包括互联网和局域网）上发布信息成为一件很容易的事。

二、IIS 各种版本介绍

IIS 各种版本介绍如表 8-3-1 所示。

表 8-3-1　IIS 各种版本介绍

IIS 版本	Windows 版本	备注
IIS1. 0	Windows NT 3. 51 Service Pack 3s@ bk	
IIS2. 0	Windows NT 4. 0s@ bk	

IIS 版本	Windows 版本	备注
IIS3.0	Windows NT 4.0 Service Pack 3	开始支持 ASP 的运行环境
IIS4.0	Windows NT 4.0 Option Pack	支持 ASP3.0
IIS5.0	Windows 2000	
IIS6.0	Windows Server 2003 Windows Vista Home Premium Windows XP Professionalx64Editions@ bk	
IIS7.0	Windows Vista Windows Server 2008s@ bkIIS Windows 7	在系统中已经集成了 .NET 3.5。可以支持 .NET 3.5 及以下的版本

学习单元四　网站备案及上传

在网站设计、测试及域名空间申请与备案之后，就可以把制作好的网站上传到申请的空间。网站上传需要利用上传软件，如 Dreamweaver 就具备上传网站的功能，同时它也是使用频率较高的上传工具。本单元详细讲解如何使用 Dreamweaver 工具上传本地站点。

一、本地站点上传

使用 Dreamweaver 站点管理器就可以进行本地站点的上传。下面将把"江西商贸特产"本地站点文件上传到服务器，具体操作如下。

在 Dreamweaver 的"站点设置对象"对话框中设置服务器名称，如图 8-4-1 所示，单击"+"按钮填写服务器名称，然后依次填写连接服务器的 FTP 地址、用户名、密码、根目录、WebURL 连接，单击"保存"按钮即可，如图 8-4-2 所示。

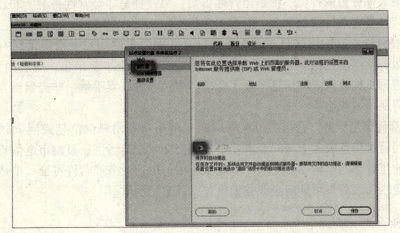

图 8-4-1　服务器

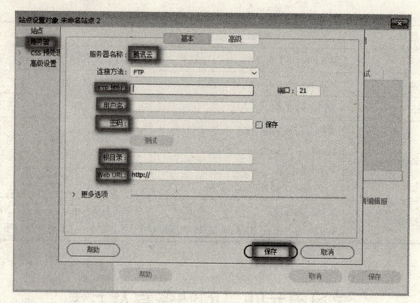

图 8-4-2　服务器信息

二、网站备案

（一）备案的概念

网站备案是指向主管机关报告事由存案以备查考。根据中华人民共和国工业和信息化部第十二次部务会议审议通过的《非经营性互联网信息服务备案管理办法》精神，在中华人民共和国境内提供非经营性互联网信息服务，应当办理备案。未经备案，不得在中华人民共和国境内从事非经营性互联网信息服务。而对于没有备案的网站将予以罚款或关闭。网站备案主要针对有域名的网站，没有域名的网站不需要备案。

网站备案的目的是为了防止在网上从事非法的网站经营活动，打击不良互联网信息的传播。网站备案大体分为两种：一种是经营性备案；另一种是非经营性备案。非经营性备案相对较多，经营性备案条件限制很多，需有关单位专门审批。

（1）非经营性互联网信息服务，是指通过互联网向上网用户无偿提供具有公开性、共享性信息的服务活动。凡从事非经营性互联网信息服务的企事业单位，应当向省、自治区、直辖市电信管理机构或国务院信息产业主管部门申请办理备案手续。非经营性互联网信息服务提供者不得从事有偿服务。

（2）经营性信息服务，是指通过互联网向上网用户有偿提供信息或网页制作等服务活动。凡从事经营性信息服务业务的企事业单位应当向省、自治区、直辖市电信管理机构或国务院信息产业主管部门申请办理互联网信息服务增值电信业务经营许可证。申请人取得经营许可证后，应当持经营许可证向企业登记机关办理登记手续。

（二）备案的流程

网站备案是我国法律规定的，网站主办者可登录接入服务商企业侧系统自主报备信息或由接入服务商代为提交信息。网站备案一般遵循以下流程。

（1）网站主办者需向 ISP 空间服务商提供企业详细信息及其纸质资料。

企业需要提供的纸质资料包括以下内容。

①加盖网站所有者公章的《经营性网站备案申请书》。

②加盖网站所有者公章的《企业法人营业执照》或《个体工商营业执照》的复印件。如果网站有共同所有者，应提交全部所有者《企业法人营业执照》或《个体工商户营业执照》的复印件。

③加盖域名所有者或域名管理机构、域名代理机构公章的《域名注册证》复印件，或者其他对所提供域名享有权利的证明材料。

④主办单位企业法人身份复印件（加盖公章）。

⑤网站名称。例如，"黄土地网"不能为域名、英文、姓名、数字。

⑥网站 IP。填写企业网站主机（或虚拟主机）的 IP 地址。

⑦网站服务内容。填写备案网站的服务内容，如信息服务、论坛等。

⑧网站前置审批专项。如果网站服务内容是从事新闻、出版、教育、医疗保健、药品和医疗器械等互联网信息服务的或电子商务交易的，还需到通信管理局进行经营性信息服务专项审批。

⑨证件住所。填写主办人的详细地址，如网站主办者为单位，联系方式是指网站负责人的手机号码、办公电话、电子邮箱、通信地址；如网站主办者为个人，联系方式是指网站负责人的手机号码、办公电话或住宅电话、电子邮箱、通信地址。证件住所要明确能够找到网站主办人。

⑩网站负责人与法人不一致的需提供委托书原件（需要盖公章，法人签字）。

（2）接入服务商核实备案信息。

接入服务商对网站主办者提交的备案信息进行当面核验：当面采集网站负责人照片；依据网站主办者证件信息核验提交至接入服务商系统的备案信息；填写《网站备案信息真实性核验单》。如果备案信息无误，接入服务商提交给市场监督管理局审核；如果信息有误，接入者在备注栏中注明错误信息提示后退回给网站主办者进行修改。

（3）网站主办者所在省通信管理局审核备案信息。

网站主办者所在地省管局对备案信息进行审核，审核不通过，则退回企业侧系统由接入服务商修改；审核通过，生成的备案号、备案密码（并发往网站主办者邮箱）和备案信息上传至部级系统，并同时下发到企业侧系统，接入服务商将备案号告知网站主办者。

（4）在网站首页注明网站 ICP 备案号，开通 Web 访问。

网站主办者有了网站备案编码，在网站首页下端注明网站 ICP 备案号，空间商才开通网站主办者的 Web 访问权限。

注意，办理网上备案手续不需要向通信管理局交纳费用，但如果通过接入商 ICP 备案代办理的，代理单位是否向网站主办者收取代理服务由接入商自行规定。

 知识要点

一、ICP 备案的概念

网络内容服务商（Internet Content Provider，ICP），即向广大用户综合提供互联网信息

業務和增值業務的網絡運營商。ICP 備案是信息產業部對網站的一種管理，為了防止非法網站。ICP 備案可以自主通過備案網站在線備案。

二、網站備案的目的

網站備案的目的是為了防止在網上從事非法的網站經營活動，打擊不良互聯網信息的傳播，如果網站不備案，很有可能被查處以後關停。非經營性網站自主備案是不收任何手續費的，網站主辦者可以自行到備案官方網站去備案。

三、網站備案

為了規範互聯網信息服務活動，促進互聯網信息服務健康有序發展，根據國務院令第292 號《互聯網信息服務管理辦法》和中華人民共和國工業和信息化部令第 33 號《非經營性互聯網信息服務管理辦法》規定，國家對互聯網信息服務實行備案制度。未履行備案手續的，不得從事互聯網信息服務，否則就屬於違法行為。

 模塊小結

本模塊是本書的最後一個模塊，介紹了商務網站發布需要的準備工作，首先介紹了域名的基礎知識，然後介紹了主機租用，以"騰訊雲服務器"為例，講解了騰訊雲服務器的申請流程和騰訊雲服務器的快速配置，以及使用 IIS 發布站點和測試本地站點的技能知識，最後講述了網站備案和網站上傳的相關概念與技能。

通過本模塊的學習，學生應重點掌握域名注冊、使用 IIS 發布本地站點，以及網站上傳等技能要點。

模塊實訓

一、實訓概述

本實訓為發布商務網站，學生通過學習發布商務網站的相關知識要點，根據所學內容完成域名基礎知識、主機租用、站點發布與測試、網站備案及上傳等方面的分析和認知，通過實訓平臺完成學習報告。

二、實訓流程步驟

實訓流程步驟如圖 8-4-3 所示。

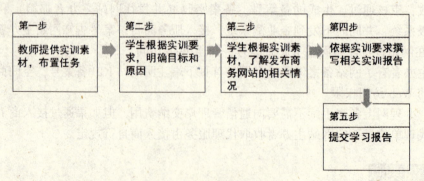

图 8-4-3　实训流程图

三、实训素材

（1）计算机若干。

（2）实训网站：腾讯云服务器、IIS 服务器。

四、实训内容

实训 1：理解并熟知域名，填写域名注册方法。

学生根据（https://wanwang.aliyun.com/）万网链接登录进入万网首页，依据域名注册的方法，完成一个域名的注册。

实训 2：腾讯云服务器的快速配置。

学生根据学习腾讯云服务器的快速配置相关内容，填写表 8-4-1。

表 8-4-1　快速配置的内容及作用

具体配置	配置的作用

实训 3：使用 IIS 服务器发布女装网站。

要求学生深度理解使用 IIS 发布本地站点的重要性，依据任务模块中使用 IIS 服务器发布江西特产商贸网站的步骤，使用实训素材完成一个站点的发布。

五、实训报告

根据要求完成实训报告，然后提交给教师。

参 考 文 献

［1］ 杨从亚，万胤岳，方浩军．电子商务网页设计与制作［M］．北京：中国人民大学出版，2018.

［2］ 傅俊．电子商务网页设计与制作［M］．北京：电子工业出版社，2012.

［3］ 赵丹．电子商务网页设计与制作［M］．北京：首都经济贸易大学出版社，2009.

［4］ 杨芝子．网页设计与制作——电子商务［M］．北京：电子工业出版社，2017.